製法特許

天然酵母パンの最新技術

㈲JBT・サービス
中川 一巳 著

はじめに

私は、高校卒業と同時に製パン業界に入り、47年間パン作りに携わってきました。

はじめは大手製パン会社に入社し、効率的にパンを生産する方法や消費者にとって魅力的な商品づくりを研究し続けました。20年前に45歳で独立し、よりおいしく、より安全なパンをできるだけ効率的に生産する方法を独自に探究してまいりました。その頃に出会ったのが天然酵母パンです。当時は、特に健康や自然志向の強い人たちが利用する特別なパン店や自然食専門店で扱われていることが多く、一般的ではありませんでした。しかし、天然の酵母で手間ひまをかけて作るパンに魅力を感じ、同時にイーストで作るパンとの差別化が図れて消費者にアピールできるということから、天然酵母パンの研究に専心するようになりました。その結果、ブドウとリンゴの果汁と独自の天然由来の酵素を使用することにより、従来の天然酵母を使った製法よりも培養増殖がとても簡単でしかも発酵力が強く、失敗が少ない製法を開発することができました。そのうえ、パンの食感がソフトで日持ちがよいという特長も併せ持っています。

現在、天然酵母でパンを作る店が増え、販売するアイテムのうちの何%かを天然酵母パンにしている店も含めれば、かなりの数に上るでしょう。それだけパン職人の技術が向上したこともありますが、消費者のニーズが「安全な」「高品質の」「プレミアム感のある」ものへと向かっている表れにほかなりません。安全でおいしく、品質のよいパンが従来よりも手間をかけずに作ることができるこの製法を、広く紹介したいと願い、本書を世に送り出させていただくことになりました。皆さまのパンづくりのお役に立てましたら、これ以上の喜びはありません。

製法特許

天然酵母パンの最新技術

［目次］

天然酵母パンの作り方［バラエティ編］ 85

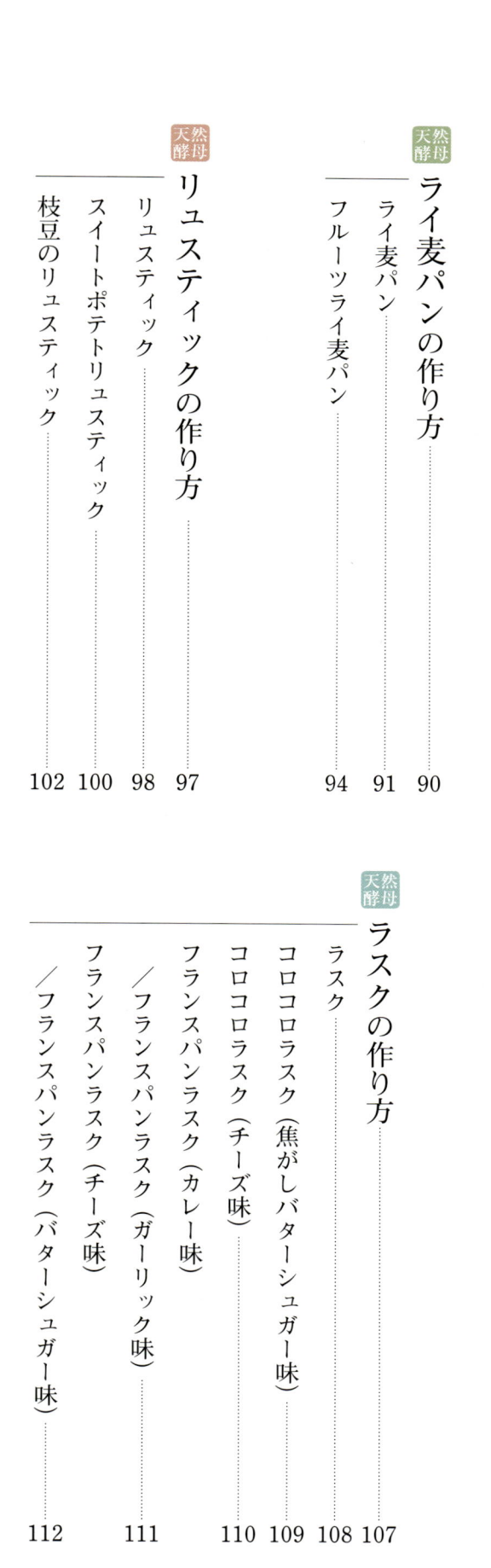

本書をご利用になる前に

・本書で使用している天然酵母種はレーズン種で起こし、独自の製法で強化育成しています。そのため、異なった育て方・継ぎ足し方をすると、同じ酵母種でも焼き上がりが異なることがあります。

・本書の作り方で紹介しているパンの発酵時間、ベンチタイム、焼成温度、時間は一応の目安です。生地の状態は、使用する材料、製造環境によって異なりますので、発酵させる時間は、生地の状態に合わせて調整してください。

・パンの各レシピでは、分量表記のあとのカッコ内にベーカーズパーセントを表記しています。分量を変えて作る場合にご利用ください。

・本書では、日本製粉の小麦粉を使用しています。ご使用の製粉メーカーによって、焼き上がりに若干の違いが出ることがあります。

・本書では、生地のミキサーとしておもに縦型ミキサー、生地の量が多い場合はスパイラルミキサーを、またパン焼き用のオーブンとしてデッキオーブンとフランスパン専用オーブン（ボンガード社製）を使用しています。生地のミキサーやパンの焼き方の詳細につきましては、ご使用の機器類の説明書に従ってください。

・特にオーブンは、さまざまな型や特性があり、それぞれ生地への火の当たり方が微妙に異なります。使用するオーブンの型や特性に合わせ、温度や時間を調整してください。

・元種を作るために使用するポリタンクは、元種が発酵するにつれ膨らみます。そのままにするとポリタンクが割れるおそれがあるため、発酵中には１日に２～３回蓋を開けて空気を抜いてください。また、蓋を開ける場合、中の炭酸ガスが勢いよく飛び出して蓋を飛ばしてしまう場合がありますので、じゅうぶんに気をつけてください。

おいしい天然酵母パンを追い求めて

特許取得のパン製法に至るまで

大手パンメーカーで学び、手づくりパンのおいしさを知る

私は、１９６５年（昭和40年）に高校を卒業して敷島製パンに就職し、以来、いろいろなパンづくりを学んできました。ご存知のように同社はパスコのブランドで知られる大手パンメーカーですが、私は幸運なことに、神戸の著名な手づくりのベーカリー店を手始めに、さまざまなこだわりのパン店で研修をさせていただきました。その後、パン技術研究所やフランスの有名店との業務委託店でも研修させていただくなど、パンづくりの基礎に関してじつに多くの勉強をさせていただきました。もちろん、それは同社で新事業として、こだわりのパン店を拡大していく方針もあり、私はマネージャーや店舗開発担当も任されたりしました。

この間、アメリカやフランスなどの海外研修もあり、本場のパンの素晴らしさも経験させていただきました。

スタートは工場生産のパンづくりでしたが、さまざまな研修と事業開発の経験によって、こだわりのパン店の運営、実際のパンづくりの難しさと楽しさ、お客様との直接の関わりなどをいろいろな形で体験させていただきました。そして、92年に独立しました。

それまでのさまざまな経験をもとに、手づくり感のある、おいしいパン店をと考えていましたが、当初のお店を運営する中で、自分のお店にしかない売り物を作り出したい、お客様に喜ばれる、毎日食べていただいて体によく、安心して買っていただける多様なパンを揃えたい…等々と考えていくなかで、天然酵母パンに行き着きました。しかし、当時、天然酵母パンを売り物にしているお店を調べてみると、どうもしっくりこないのです。私がそれまで長い間、大手パンメーカーで優れたパンづくり、さらにこだわりのパンづくりなどを経験したからでしょうか、自分が求めるハードルも結構高かったのかも知れません。

私が売る天然酵母パンであるならば、おいしく、しかも多くの人が比較的簡単に作れて、日本人好みのソフト感のある、酸味臭のあまりしない、したがって本格的なフランスパンから日本的な調理パンにまで使える…そんな欲張りな条件を考えていました。

しかし、実際に研究してみると、そうした条件は決して

容易にクリアできるものではありませんでした。他の天然酵母パンのお店がいろいろとご苦労されているのがよく理解できました。それでもあきらめずに研究を続けているうちに、ひらめきと出会いによって、前述の条件のほとんどすべてをクリアした天然酵母パンを作ることができるようになったのです。私が開発した製法を知っていただく参考になると思いますので、ちょっと長くなりますが、以下、少し具体的に当時のことを説明させていただきます。

独自の天然酵母パン製法開発の試行錯誤

独立してから製パン、店舗開発のコンサルティングを行いつつ、96年（平成8年）に大阪府吹田市にパイロット店を出店しました。当時は、手慣れていて安定して作れるイーストを使ったパンも作りながら、天然酵母パンの研究、試作に打ち込みました。はじめはレーズンで起こした種（酵母）に小麦粉を加える一般的な方法を取っていましたが、発酵に時間がかかるため、パンに酸味が出たり穴があいたりと失敗も少なくありませんでした。発酵力を高めるためにイーストを加えもしましたが、なんとかイーストを使わずに作りたいと悩みました。

問題は発酵力です。天然酵母製パン法のポイントは、いかに菌体数を短時間で増殖させるかにあります。天然酵母のサッカロミセス・セレビシエは糖を分解してエタノールと二酸化炭素を生成するアルコール発酵を行います。それならば小麦粉よりも糖度の高いもので、相性のよいものを与えればよいのではないかと、ジュースを使うことがひらめきました。パン種はレーズンから作っているのでブドウが相性がよいのではないかと考え、またブドウは糖分が豊富で、ワイン造りにも同じ酵母を使うということを知り、ブドウジュースを利用することにしました。すると起こした種に小麦粉と水を加える方法よりも、短時間で簡単に培養増殖させることができたのです。

他のジュースを使って試作したところ、リンゴジュースを加えるとパンの味がよくなることがわかり、ブドウとリンゴのジュースを同割で使うことにしたのです。

しかし、天然酵母の弱点はイーストよりも菌体数が少ないことで、酵母のパワーが弱いため発酵に時間がかかってしまいます。すると生地が酸化するため、グルテンが劣化して表皮の裂け、内層の穴あき等が解消できませんでした。膨らまずにパンとはいえないような物になったり、酸臭や酸味が強すぎたりすることにも悩まされていました。

幸運な出会いと成功と

話は少しさかのぼりますが、92年（平成4年）、縁があって万田酵素という酵素を製品化している会社を紹介されました。同社が作る酵素製品を加えてパスタを作ると、茹

で上げてから1時間ほど放置しても麺がだれず、麺同士がくっつかないことに驚かされました。

　そこで、試しにパンの中種に加えてみたら発酵力が高まり、発酵時間が短縮されました。酵母の元気がよいため生地の上がりもよく、悩まされていた天然酵母パン特有の問題点が解消されたのです。

　これはいけると確信し、パンづくりに適した製品を万田発酵株式会社と共に研究を開始しました。製パン工程のどの段階でどれだけの分量を加えればよいか、なん回となく試作を重ねて完成したのが後に解説する「ＦＭＰ」です。

　このようにして、独自のジュースと酵素で、どこにでもある天然酵母に力強い発酵力を持たせ、おいしいパンを作ることができるのが、私の開発したパン製法です。これにより特許を取得することができました。

本書で紹介する天然酵母パンの作り方の特徴

　本書の製法を少し具体的に解説します。

　前述しました酵母のサッカロミセス・セレビシエは一般的に自然界に多く存在し、レーズン、リンゴの表皮や、麦の穂に多く付着しており、乳酸菌と相性がよく共存ができます。乳酸菌は発酵時にアミノ酸や有機酸を生成し、これが旨味成分となります。サッカロミセス・セレビシエはパンの形づくりとボリュームを、乳酸菌は旨味づくりを担当しているのです。

　天然酵母はイーストのように単一種の酵母ではなく、いろいろな種類の酵母が混在しており、サッカロミセス・セレビシエやその他の酵母が作り出す芳香性アルコール類と、もともと付着していた果実や穀物のフレーバーがパンに深い味わいを与えます。そうしたナチュラル感が現代のお客様により好まれることから、天然酵母で独自のパン作りをする傾向が高まってきているのです。

　しかし、一般にイーストに較べると天然酵母は単位あたりの菌対数がかなり少ないために発酵力が弱く、長時間発酵させなければなりません。また、従来の天然酵母の培養増殖の多くは、元種を小麦粉と混捏《こんねつ》して発酵させる方法でしたが、小麦粉の糖質は澱粉（炭水化物）という形で存在するため糖化に時間がかかり、直接発酵菌の発酵培養増殖ができにくく、酸臭が強い、発酵が遅いなどの問題が多かったと思います。

　それらを改良するために実現したのが、ブドウとリンゴのミックスジュースにサッカロミセス・セレビシエを植え付けることで活発に培養増殖させて元種を作ること、そしてその元種と小麦粉を混捏して中種を作るさいに、独自に開発した酵素を加えてさらに発酵力を高めることの2点です。

　この方法を用いることによって、従来はなかなか手間のかかった天然酵母の培養増殖が簡単になり、同時に強

い発酵力が得られ、製パン時間を短縮することが可能となりました。

出来上がったパンは、酸味や酸味臭がほとんど感じられない程度に少ない、ミックスジュース培養によるフルーティーなよい香りがする、じゅうぶんな乳酸発酵による豊かな旨味がある、イースト発酵のパンと同じくらいボリュームが出る、従来の天然酵母パンよりも日持ちがするという特長があります。

どの点が、天然酵母パンの製法として独自性を認められたのか

私が、天然酵母パンをおいしく、できるだけ効率よく作りたいと研究を続けた製パン方法が、平成16年6月18日に特許を取得しました。私のような一パン職人が、味にこだわって天然酵母によるパンの発酵と製法を研究してきたわけですが、その製法により特許が認められたということは大変嬉しいことでした。

このことは、現在ベーカリーを経営している方々、これからパン屋さんを開こうと考えている方々に対しても、できるだけオープンにノウハウをお伝えし、多くのベーカリー店のパン作りをサポートさせていただきながら、私の研究した成果について日本や世界に広めて行きたいと考えております。すでに多くのお店でご指導させていただいております。

さて、これまで説明してきましたように、まず第一に、他の製パン法にはないオリジナリティーが認められたのは、天然酵母菌培養のために開発した専用ミックスジュースの存在です。これで酵母菌を培養増殖させ、さらに種継ぎも行います。

このジュースは、リンゴと白ブドウを同割で作った１００％果汁を濃縮したものです。これは、読者の皆様が独自に作られてもいいのですが、個人で作るとかなり高価につきます。そこで私は協力企業さんを探して、濃縮還元タイプを独自に作っていただきました。このタイプだと保管するさいにスペースを取らず、使用時に4倍量の水で薄めれば簡単に使えます。淡い琥珀色をしているため、パンの色にほとんど影響がありません。また、パンにはジュースのフルーティーな香りが移って食欲をそそります。他に白ブドウと赤ブドウ半々のミックスをリンゴと同割にした濃縮果汁もあります。

前述しましたように、一般的な天然酵母は、小麦粉と水を加える作業を3～4回くり返して酵母を培養増殖させたり、その酵母の一部に小麦粉と水を加えて種継ぎをさせますので、小麦粉の澱粉が糖に変わって酵母の栄養になるまでには時間がかかります。その結果、発酵に長い時間が必要で、うまく発酵しない、酸臭が強くなるというケースも見られました。

果汁１００％ジュースは糖度が11～13％もあり、すぐに酵母の栄養となるため、小麦粉に比較して発酵培養増

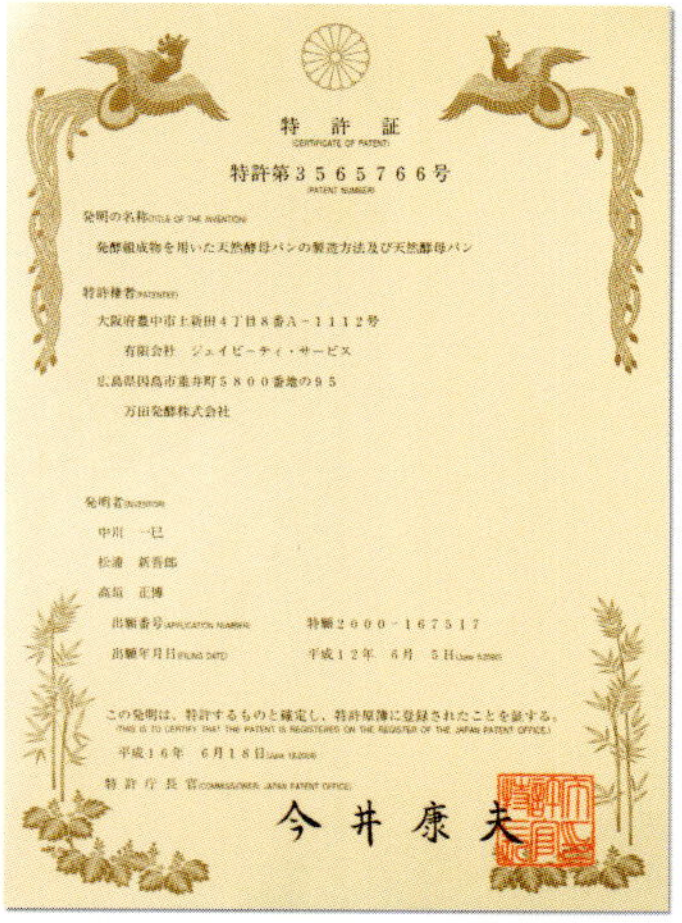
特許証
特許第３５６５７６６号
発明の名称
発酵組成物を用いた天然酵母パンの製造方法及び天然酵母パン
特許権者
大阪府豊中市上新田４丁目８番Ａ－１１１２号
有限会社　ジェイビーティ・サービス
広島県因島市重井町５８００番地の９５
万田発酵株式会社
発明者
中川　一巳
出願番号　特願２０００－１６７５１７
出願年月日　平成１２年　６月　５日
この発明は、特許するものと確定し、特許原簿に登録されたことを証する。
平成１６年　６月１８日
特許庁長官
今井康夫

天然酵母パンの製法特許証

殖のスピードが速く、従来の天然酵母の製パン方法よりも手間と時間がかからず、失敗が少ない点が評価されたのです。

特許取得に至ったもう1点は、万田発酵株式会社との共同研究です。同社が自然界から抽出する多様な酵素の中から、天然酵母の発酵を元気づけ、活性化させるのに適した酵素の組み合わせを共同開発することができました。そしてその正式名称を「Ｆｅｒｍｅｎｔ（フェルメント）Ｍａｇｉｃ（マジック）Ｐｏｗｄｅｒ（パウダー）」としました。日本語にすると「発酵させる魔法の粉」という意味の、いわばパン品質改良発酵食品で、１００％自然成分で出来ているため、添加物表示は必要ありません。通称ＦＭＰといいます。

これは同社が製品化している多種類の酵素を粉末化・混合したもので、主な成分は、穀物、果実、海藻など52種類を黒糖に漬けて発酵させ、3年以上熟成させており、人体をはじめ魚類、植物などの育成に効果を発揮します。それぞれの生物が、自分に必要な栄養素を吸収する力を高める作用があり、たとえば1万倍に希釈して野菜に与えると成長が早く収穫量が増えるというデータがあります。酵母菌の活性化にも効果があり、発酵力が高まります。本書のパン製法は、同社と私の共同出願により特許取得が実現しました。

私が開発した天然酵母発酵製法を活用すると、中種製パン法、天然酵母製パン法、フランスパン、デニッシュやクロワッサンなどの折り込み生地などパン生地全般に使用できますが、特に長時間発酵させるパン生地に効果を発揮します。

独自の天然酵母パンづくり
そのおいしさと魅力とは

フルーツジュースとＦＭＰを使う天然酵母製パン法は、前にも述べましたように一般的な天然酵母製パン法よりも発酵に時間がかからないため酸味はなく、小麦粉自体の味わいやバター、フルーツなど副材料との調和の取れたおいしさが味わえます。食感はふわっとソフトで日本人の好みに合い、ジュース由来のフルーティーなよい香りが感じられるのもこの製法ならではの特性です。

経営的な面では、手間と時間が省けて失敗が少ないということが大きな特徴です。製造工程でロスがないため、コストが抑えられるという利点があります。

本格的なフランスパンから多彩な調理パンにも使える

天然酵母のパンは硬いというイメージがありますが、ここで使う酵母は一般的な天然酵母よりも発酵力が強く、生地を膨らませる作用があるため、パンはふっくらと柔らかいのが特徴です。

フランスパンはクラストがやや薄く焼ける傾向があり、今後の研究課題ではありますが、製品として十分なレベルに至っています。イギリスパン、プルマンブレッドというベーシックな食パンはもちろん、この酵母はクロワッサンやデニッシュ・ペストリーのように長時間発酵させるタイプのパンづくりにも適しており、ブリオッシュ・オ・フリュイのようなお菓子に近い生地、あんパンやクリームパン、カレードーナッツといった日本独特のパン用の生地にも対応できます。直焼きでしっかりと焼き上げるハースブレッドから蒸しパン、揚げパンまで、多種多様な展開が可能です。

街のパン屋さんがこの天然酵母パンを売り物にしたら人気店・繁盛店に

ここ数年、健康志向や食の安全に対する意識が高まり、天然酵母に対する知名度と共に注目度も上がってきています。長時間発酵させるうちに、乳酸菌がアミノ酸や有機酸を生成するため天然酵母ならではの旨味とコクが生まれます。小麦粉の香りと天然酵母由来の味わいが、イーストのパンとはひと味違った個性として打ち出せます。

さらにこの製法の天然酵母パンは、これまでの天然酵母パンと異なり酸味がなく、香りがフルーティーなこと、日持ちがよいこともセールスポイントとなります。発酵時間が長いとpH値が下がるため、微生物が繁殖しにくく、焼き上がったパン生地は常温（約25℃）で1週間放置してもカビが生えません。菓子パン、総菜パン、デニッシュ・ペストリーなどのフィリングを使ったものはこの限りではありませんが、添加物を使わないのに日持ちするという点は消費者にも製造・販売者にも安心感を与えます。

また、本書内で紹介するように自家製のあん、クリーム、カレーなどを使うことで、オリジナリティーのある製品が作れますので、今日のような競合の激しい時代になるほど、他店との差別化を図るとても有効な方法だと確信します。他にはない味と安全さを最大限に活かし、魅力あるパンづくりを続けていただきたいと思います。

本書の製法の酵母発酵の工程について

ここでは、読者の皆様にご理解いただくために、ごく簡単に私が開発した天然酵母パンの製法の中で、酵母発酵の工程の流れについて概略をご説明します。

酵母種はごく一般的なレーズンから起こした種を使います。

天然酵母用ミックスジュース1に対して4倍量の水で希釈したジュース㋐を作り、酵母種1に対しこのジュース2の割合で混ぜ、ポリタンクに入れて20℃で約48時間、25℃なら約24時間培養します。

次に、培養した酵母種の2倍量のジュース㋐を加えて混ぜ、さらに25℃で24時間（20℃で48時間）培養し、pHが3.8になれば使用可能となります。これを「元種《もとだね》」と呼びます。

培養している間、2日に1～3回蓋を開けてガス抜きと攪拌をすることが不可欠で、酸素が多いと増殖が増し、ガス抜きをしないと容器が破損することがあるため注意が必要です。

使用後に余った元種については、さらに2倍量のジュース㋐を加えて25℃で24時間（20℃で48時間）発酵させ、pH3.8になればこれも使い続けることが可能となります。以降、使用した残りの元種にジュース㋐を加えていくだけでずっと使い続けられます。

使用しないときは4～8℃の冷蔵で6か月保存が可能です。

再度使用する場合は、常温に戻し、元種1に対して2倍量のジュースを加え、25℃で24時間（20℃で48時間）発酵させます。その元種に対して、再度2倍量のジュース㋐を加え、25℃で24時間（20℃で48時間）発酵させます。1回ではまだpHが低く酸味が強いため、2回繰り返してpHが3.8までにします。pHを測定器で計測するさいに必ず味を確かめて、甘味の度合いを自分の舌で覚えるようにすると、測定器に頼らなくてもpHが判断できるようになり、製品の出来映えにぶれがなくなります。

この作業では温度管理が最重要なので、恒温機を用意するとよいでしょう。雑菌を入れないことも必須条件で、刺激臭や舌を刺すような味などおかしな臭いや味がしたら廃棄して新しく作り直します。

またＦＭＰは、天然酵母の元種をもとに小麦生地を発酵させて中種《なかだね》を作る際に少量（ベーカーズパーセントで0.3％）使います。それだけで、酵母の発酵の活発さやスピードがまったく異なり、元気がよくなります。

天然酵母は、前にも述べました通りイーストに較べて菌体数が少ないため、ストレート法ですと種をたくさん加えても思うように発酵せず、また、焼成しても生地がふっくらと膨らまず、味もあまりよくないものしかできません。何度も試作を繰り返し、当製パン法には中種法がベストだという結果に至りました。中種を作り、予備発酵させることで製パンに必要な十分な発酵力がつき、失敗がなく、時間も短縮することができるため、すべて中種法で作っています。

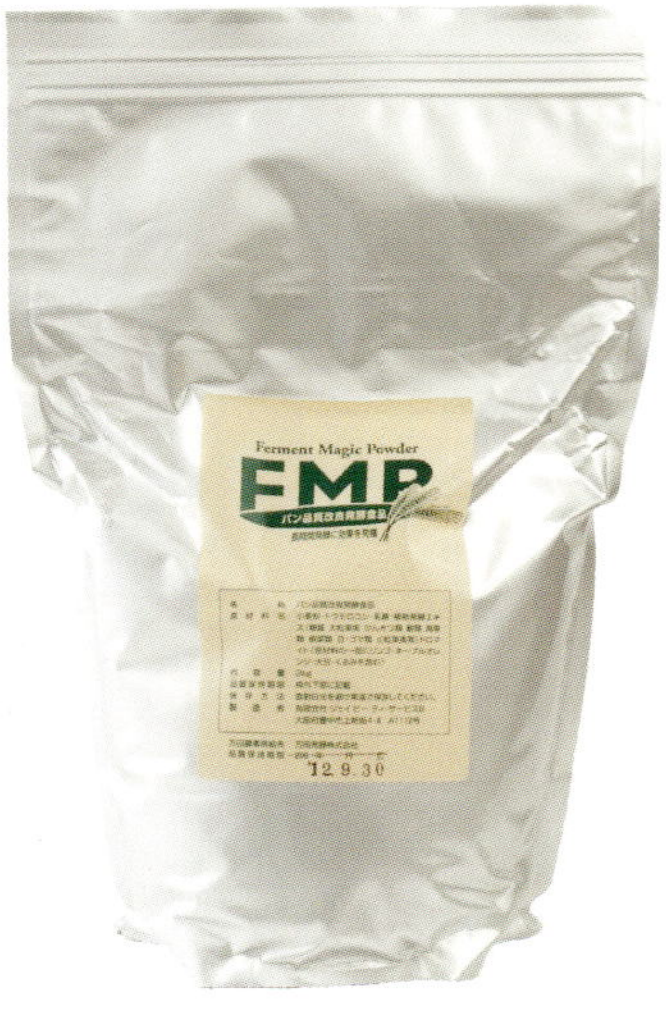

ＦＭＰ

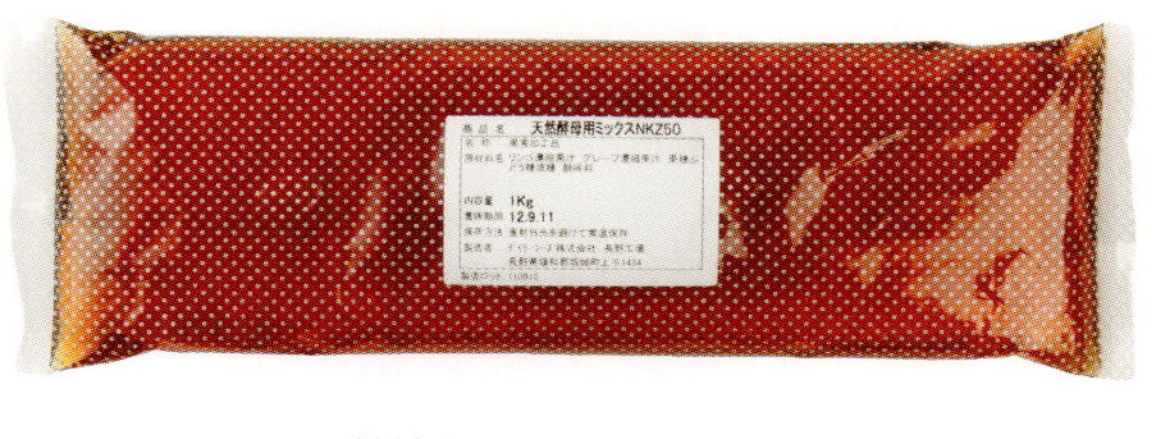

天然酵母用ミックスジュース

天然酵母種の

起こし方
継ぎ足し方
中種の作り方

天然酵母発酵製法とは？

解説と注意点

パンを発酵させる作用がある酵母菌サッカロミセス・セレビシエは、新鮮な果実の表皮や穀類の穂に自然に付着し、存在しています。これを培養増殖させてパン生地の発酵に利用するのが天然酵母発酵法と呼ばれます。

イチゴ、リンゴ、ウメ、洋ナシなど多種の果物、ホップ、小麦、ライ麦などの穀物、酒粕からも作ることができますが、一番ポピュラーで作りやすいのはレーズンで、本書でもレーズンで作った種（酵母）を利用しています。

レーズンは、必ずオイルコーティングされていなものを使用します。アメリカ・カリフォルニアの砂漠地帯モハベで栽培し、樹上完熟させたものは、粒がふっくらしていて、甘みが強く品質がよいのでお勧めします。

種を作るには、レーズンと水、補助剤として砂糖を加えて発酵を促しますが、レーズンに付着した酵母が糖と出会ったときに、糖を分解する能力が十分に発揮できる環境を作ってやらなければいけません。ポイントとなるのが温度と水分で、酵母にとってもっともよい温度は25℃〜32℃、水分活性は0・87以上です。酵母などの微生物が生育するためには水分が不可欠で、食品中に含まれる全水分の中で微生物が繁殖に利用することができる水の割合を水分活性という単位で表します、つまり水分が多いほど酵母の繁殖が活発になるため、レーズンが水面から顔を出したら水を加えて、常に水に浸っている状態におくことが大事です。

容器は蓋のできるガラス瓶がよく、使用前に熱湯消毒をしておきます。常温に置いて出来上がりまでの目安は5〜6日ですが、夏期は3〜4日で出来上がり、冬季は7日かかることもあります。

仕込んだ翌日から完成までは毎日1回、軽く瓶を振り、蓋を開けてすぐに閉めるという作業が必要です。振りすぎても発酵の妨げになるので、軽く揺する程度にとどめます。

一般的な方法と本書独自の簡単なやり方

一般的な天然酵母の培養増殖法では、起こした種（酵母）に小麦粉をつなぎ、さらに小麦粉と水を足して発酵させる工程をくり返し、おおよそ３～４回目くらいで発酵力が安定して使いやすい酵母が出来上がります。作業は、酵母を保管する容器（ガラス瓶が適している）からボウルに取り出し、小麦粉と水を加え、流水でよく洗った元の容器に戻し、温度管理しながら発酵させます。これを３～４回はくり返さなければなりません。

その点、天然酵母用ミックスジュースを使って種継ぎをする場合は、酵母に２倍量のジュースを混ぜ、適正な温度で約１～２日置き、再度、出来上がった量の２倍量のジュースを混ぜ、適正な温度で約１～２日置けば使用可能で、たいへん簡単に種継ぎができます。

さらに継いだ種を使って中種を作る場合も、酵母の発酵力を補うＦＭＰという粉末を加えることで、一般的な中種を作るときよりも発酵時間が短くて済み、そのため酵母の活力があり、グルテンも丈夫な中種を作ることができます。作業時間が短縮され、失敗が少ない優れた方法だと思います。

天然酵母種の起こし方

配合

- モハベレーズン ……… 500g
- 水(25℃) ……… 1200g(30%)
- 上白糖 ……… 30g(12%)
- さらし木綿(日本手拭い) … 適宜

レーズンの選び方

レーズンはアルコール漬けやオイルコーティングしたものは適しません。表皮のくぼみ（しわ）部分に付着している白い粉は、ブドウ自身が分泌するロウ物質と呼ばれる糖の一種で、水を弾いてカビや病気、虫を防ぐ働

天然酵母の起こし方

1

2

3

1 生レーズンを枝からはずし、軽く水洗いして汚れを取る。

2 広口瓶に水を入れる。

3 上白糖を加えて混ぜ溶かす。

4

5

4 洗って水気を切ったレーズンを入れて蓋を閉め、25℃の場所で約5日間発酵増殖させる。

5 1日目はレーズンはまだ下に沈んでいる。2日目からの発酵増殖期間中、1日に1～2回瓶を軽く揺すり、蓋を開けてすぐに閉める。これをしないとカビが繁殖するので注意すること。

6

7

6 レーズンが水を含んで膨張し、浮かんでくる。レーズンが水面から顔を出したら水を加えて水中に隠れるようにすること。3日目頃から泡が出てくるようになり、この時期になったら水を加える必要はない。

7 水の表面に泡が立ち、レーズンが浮いた状態になればよく、目安としては6日目の朝には出来上がる。ボウルにさらし木綿を広げ、瓶の中身をあけて漉す。日本手拭いを利用して袋を作ると便利。

8

9

8 しっかりと液を絞る。

9 種起こしの完了。これを利用して元種を作る。

きがある物質で、白く粉が出ているレーズンほど乾燥状態が良好といわれます。

アメリカ・カリフォルニア産のモハベレーズンは、樹上完熟したブドウを房のまま手摘みし、天日で1～2週間乾燥させたもので、味と品質がよいので愛用しています。

水は水道水で十分で、浄水器を通したものは適します。アルカリ水、海洋深層水など特殊な成分のミネラルウォーターは適しません。

容器は、梅酒を漬けるようなガラス製の蓋つき広口瓶が適しています。ガラス瓶は中の様子が見られ、熱湯消毒も可能だからです。

熱湯消毒をする場合は、まず、瓶を流水でよく洗います。スポンジから雑菌が移る可能性があるため、スポンジは使用しません。洗った後は、布巾で拭かずに軽く水気を切っておきます。

シンクに瓶を置き、熱湯を瓶の縁から少しずつ注ぎます。瓶の中にいきなり熱湯をかけると、割れることがあるため注意します。やけどをしないよう気をつけながら熱湯を捨てれば消毒は完了で、すぐに続きの作業を進めます。瓶が熱くなっているため、先に水を注いでからレーズンを加えます。

天然酵母種の継ぎ足し方

種起こしで作った酵母菌を天然酵母用ミックスジュースで培養増殖して元種を作ります。当製パン法のために開発した天然酵母用ミックスジュースは、ブドウとリンゴのジュースを同割で混ぜて濃縮してあり、使用するさいには4倍量の水で希釈します。これ以降、ジュースという場合は4倍量の水で希釈した状態のものを指します。

酵母種1に対しジュース2の割合で混ぜ、ポリタンクに入れて25℃で約24時間（20℃なら約48時間）培養します。これをAとします。

次に、前回と同様にAに2倍量のジュースを加えて混ぜ、25℃で24時間（20℃で48時間）培養します。pHが3.8になれば使用可能です。

培養している間は、1日に2～3回蓋を開けてガス抜きと撹拌をすることが不可欠で、ガス抜きをしないと容器が破損することがあるため注意が必要です。

天然酵母の継ぎ足し方

1 容器にはポリタンクを利用する。いろいろと試した結果、現時点では容量や容器の柔軟性がもっとも適しているといえる。

2 元種の材料。
①天然酵母用ミックスジュース200g、②水800g、③天然酵母種500g

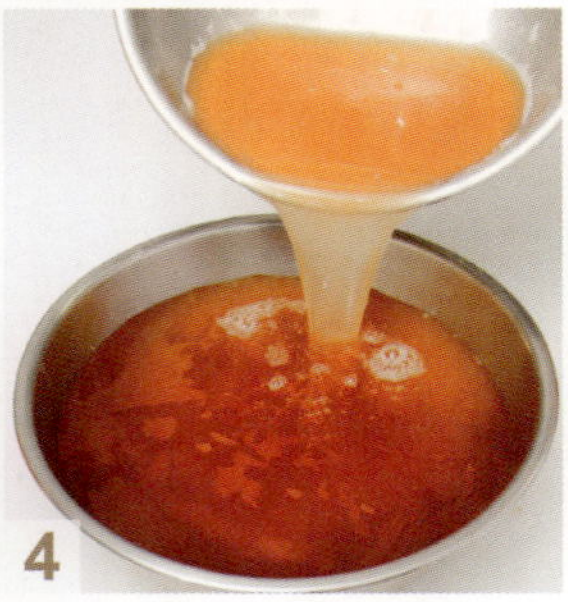

3 水に天然酵母用ミックスジュースを加える。

4 天然酵母種を加える。

5 よく混ぜ合わせれば準備は完了。

6 ポリタンクに入れて25℃で約24時間、または20℃で約48時間培養する。この時点で培養したものは1.5kgなので、ジュースを2倍量の3kg加えて混ぜ、再度25℃で24時間（20℃で48時間）培養する。

7 じゅうぶんに発酵した元種。発酵した証拠に泡が元気よく立っている。雑菌を混入させなければ、いつまでも使用が可能。

必ず守っていただきたい注意点

ポリタンクは幾分かの柔軟性があり、中に入れた元種が発酵して二酸化炭素（炭酸ガス）を発生しても、ある程度は膨張しながら耐えることができます。
写真のように膨らみますので、1日に1～2回はポリタンクをゆすって中身を撹拌し、蓋を外してガス抜きをする必要があります。ガス抜きを忘れると容器が破裂する事がありますので注意してください。使用することで膨張をくり返し経時劣化します。様子を見てポリタンクを新しいものに取り換えてください。
また、蓋をあけるさいにガスが勢いよく飛び出して蓋を飛ばすことがありますので、人体や物に当たらないように十分気をつけてください。

天然酵母種の中種の作り方

※（　）内の%はベーカーズパーセントです。ここでは小麦粉を4kg使用しています。作る製品によって小麦粉などの分量は異なりますが、FMPは常時小麦粉に対して0.3%量が適正な分量です。

配合

①強力粉（日本製粉「イーグル」）
……2800g（70%）
②水……1200g（35%）
③FMP……12g（0.3%）
④元種……200g（5%）

中種の作り方

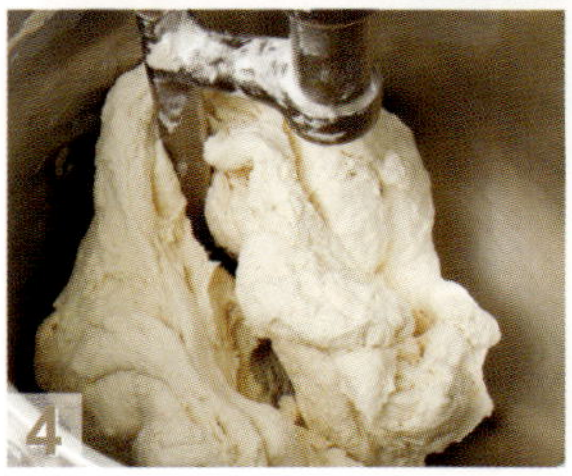

1 強力粉にFMPを加える。
2 水に元種を加える
3 ミキサーに粉、液体の順に入れる。
4 低速で3分、中速で1分捏ね、捏上温度が25℃になるようにする。

5 発酵用ケースの内側に薄く均一に離型オイルをスプレーする。
6 捏ね上げた中種をケースに移し温度を確認する。蓋をして生地が乾かないようにし、25℃で約16時間発酵させる。室温調整した室内に置いておいてよいが、気温が下がりやすい冬季は発酵機に入れるとよい。
7 発酵が終了した中種。生地のpHは4.0前後がよい。

元種の保存方法

使用後に残った元種は、2倍量のジュースを加えて25℃で24時間（20℃で48時間）発酵させ、pH3.8になれば使用が可能です。同様にして、余った元種にジュースを加えて発酵させるだけで使い続けることができます。ただし、温度管理をきちんとすることと雑菌を混入しないことが必須条件です。

しばらく使用しない場合は、4～8℃の温度の下で6か月間は保存が可能です。再度使用する場合は、いったん常温に戻し、元種1に対して2倍量のジュースを加え、25℃で24時間（20℃で48時間）発酵させます。そのままではまだpHが低く酸味が強いため、もう一度2倍量のジュースを加え、25℃で24時間（20℃で48時間）発酵させます。温度管理をきちんとしていれば、ジュースを加えて発酵させる工程を2回繰り返すことで使用可能なpH3.8になります。

始める前に知っておきたい

天然酵母パンづくりのための基本知識とコツ

酵母とは植物の葉や花、果実、穀類に自然に付着している微生物のことをいいます。パンは、そのなかでも特にパンを発酵させる作用があるサッカロミセス・セレビシエを利用しています。

日本ではサッカロミセス・セレビシエだけを純粋培養したものをイースト、果実や穀物を原料に起こした酵母を天然酵母、自然酵母、自家製酵母などと呼び分けています。

原料にはサッカロミセス・セレビシエのほかに酢酸菌、乳酸菌、麹カビなどの微生物も付着しており、これらが発酵時に作り出す有機酸がパンに独特の酸味や深い味わいを与えます。

材料は各種の果物をはじめ、小麦やライ麦、ジャガイモがよく使われ、ロシアには古くから使われてきたカラマツなどの松葉が原料のドロジー種もあります。もっともオーソドックスで作りやすく、広く使われているのがレーズンを材料にする方法で、本書でもレーズンで種を起こしています。

一般的な天然酵母製パン法では、起こした種に小麦粉を混ぜ合わせ、さらに小麦粉と水を足して何度か醗酵させるという工程が必要です。少しずつ継ぎ足して醗酵させた最初の種を1番種、次から順に2番種と呼び、3番種か4番種くらいで十分な発酵力がつき、使用できるようになるのが一般的でこれを「元種《もとだね》」と呼びます。

良質な元種をできるだけ長く使い続けるためには、元種の一部を取り分け、同種の小麦粉やライ麦粉と水を加え、温度を管理しながら培養増殖させることを繰り返します。これを「かけ継ぎ」といいます。かけ継ぎを行っても時間が経つにつれて酵母の発酵力が劣ってくるため、新しい酵母を作らなければなりません。しかし、それだけ手間ひまがかかることが、製造者のやり甲斐にもなり、イースト使用のパンとの差別化につながるともいえましょう。

一方、当製パン法は、ジュース加えて温度管理をするだけで酵母を培養増殖させることや、元種のかけ継ぎが簡単にでき、天然酵母パンを効率的に失敗が少なく作れる点が特徴です。

小麦粉の選び方

小麦粉にはグルテニンとグリアジンの2種類のタンパク質が含まれ、小麦粉に水を加えて捏ねると、この2つが水を吸収して結びつき弾力のある「グルテン」という固まりになります。

グルテンには進展性があり、パン生地を捏ねるうちに生地内で薄い膜になり、気泡を包み込んで網目のような繊維状になります。グルテンの量に比例して膜の伸びはよく、薄く強くなります。

パン生地のなかで発酵した酵母が発生させた炭酸ガスとアルコールが、グルテンと澱粉で出来ている生地を膨らませます。ここでグルテンが弱い、または劣化していると、発酵するにつれ大きくなる気泡に押し広げられて膜が破れてしまい、生地が膨らまなくなります。グルテンの構造が強ければ、気泡をしっかりと膜で包み込んでふっくらと膨らんだパンができるのです。

さらに、グルテンの繊維状組織は熱が加わ

ると強固になるため、グルテンが多い生地ほど焼成するとパンにしっかりした骨格ができます。

　また、天然酵母はイーストよりも菌体数がかなり少なく、酵母の発酵力が弱いため、発酵時間を長くとらなければなりません。そのため生地が酸化し、グルテンが劣化して表皮が裂けたり、クラムに穴が開いたりする場合もあります。そういった問題を解消するために、小麦粉はグルテン含有量が多い強力粉を使用します。

　グルテン量の少ない全粒粉を使う場合は、小麦などの植物性タンパクから精製した粉末「バイタルグルテン」を加えてグルテン分を補います。

ベーカーズパーセント

　ベーカーズパーセントとは、配合中の粉の総重量を１００％として、その他の材料を粉の総重量に対する割合で表したものです。中種法の場合は、中種に使う粉の量と本捏ねに使う粉の量を合わせた総量を１００％とします。

　市販の本や講習会で学んだレシピを参考にするさいに、自分の作りたい量に変えたいと思った場合に、ベーカーズパーセントを使って以下のように計算するだけで、すべての材料に関して自分の作りたい量に合った仕込み量を算出できます。（※１参照）

　たとえば、その製品に使用する粉の総仕込み量が４kgで、水のベーカーズパーセントが63％ならば、水の総仕込み量は２５２０ｇになります。

比容積と膨張率

　比容積という用語は、一般にはあまり聞きなれない言葉ですが、製パン業界では広く使われており、製パンの本にもしばしば登場しています。分割重量は書いてあるけれど比容積は書いてないレシピを見かけますが、どんなサイズの型を使用しているのかがわからないことがあります。私は食パンなどの型を使ったパンのレシピを作るときは、必ず比容積を入れます。これは失敗しない方法の一つです。

　比容積の計算をするには、まず、型の容積が必要です。例として食パン２斤型の内寸を測ります。上部と下部では大きさが違いますが、上部だけを測ってもさほど影響はありません。正確を期したい場合は、上部と下部の寸法を足して２で割ってください。

　縦、横、高さを掛けて容積を計算すると、縦24cm×横12cm×高さ12.5cm＝３６００ｇとなります。

　次に生地の膨張率を考えます。グルテンが11.8％〜12％の強力粉を使った食パン用生地は、機械を使って適正にミキシングを行った場合、焼成したときにおよそ4.3倍になります。

　容積の３６００ｇを4.3で割ると約８３７ｇとなり、これが生地重量です。型には分割し成形した生地玉を４個詰めますので、８３７ｇを４で割ると約２０９ｇになりますが切り上げて２１０ｇとし、分割する生地１個の分量は２１０ｇと算出することができます。

　生地の膨張率は、グルテンの量や質で変わり、グルテンの多い小麦粉は膨張率も大きくなります。

　ナッツやドライフルーツなど、混ぜる副材料の量によっても変化しますが、副材料を混ぜると膨張率は低くなります。

　ミキシングが足りないときよりも最適ミキシングのほうが膨張率は大きくなり、ミキサーを使うよりも手仕込みのほうが膨張率は小さくなります。比容積が大きいほど軽い食感のパンが出来て、小さいと食感が重くなります。通常、プルマン食パンの比容積は3.6〜4.2、山形食パンは3.2〜3.8とされています。

食パン型の選び方

　食パン用の型は、熱吸収がよいように外側が黒塗りのものが適しています。外側が白色や銀色の場合は熱を反射してしまうため、焼成温

※１　ベーカーズパーセント［計算式］

使用する粉の総仕込み量（ｇ）　×　各材料のベーカーズパーセント　＝　各材料の仕込み量（ｇ）

度を通常よりも10℃上げ、焼成時間は7〜8分長くしてください。

底部分に溜まった炭酸ガスを逃がせるように、底部に2斤型で3個、3斤型で4個ほどボタン状の穴が開いているタイプを使用しましょう。加熱によって膨張した炭酸ガスが逃げ場を失うと、生地を押し上げて空洞を作り、パンの底部分に大きな穴を空けてしまいますが、穴があるとそれが防げます。

また、内側にシリコン加工が施してあると、型に生地がくっつかず、焼成後に型から取り出すのもスムーズに行えます。

ミキシング

小麦粉をはじめとする材料をミキサーで捏ねて生地を作る作業工程で、まず、中種と小麦粉、砂糖、塩などを均一に混ぜます。

ミキサーの回転速度や捏ねる時間は作るパンによって異なるため、それぞれのレシピを参考にしてください。ただし、目安ですので、使う小麦粉の特性、気温や湿度などの作業環境によって、生地の様子を見ながら調整してください。

捏ねはじめは、材料を混ぜ合わせるという感じで、生地はべとべとした状態でミキシングボウルにこびりつき、指で引っ張ると簡単に千切れる状態です。

次に元種や水などの水分を加えて捏ねることでグルテンが形成されはじめます。生地の状態はまだ全体がまとまり切っていませんが、引っ張っても切れずに伸びて、弾力も出てきます。

生地全体がなめらかでひとまとまりになり、ミキシングボウルにへばりつかなくなったら生地の完成です。生地の一部を両手で持って伸ばすと、向こう側が透けて見えるくらいに薄く広がります。これはグルテンの網目状組織がしっかりと形成された証拠です。

仕込み水の温度

パン生地を捏《こ》ねるときの水の温度はたいへん重要です。仕込み水の温度は計算式で算出できます。（※2参照）

例として、捏ね上げ温度を28℃、ミキシングをして摩擦で上昇する温度8℃、小麦粉の温度30℃、室内温度30℃、中種生地の温度28℃とした場合、まず4×（捏ね上げ温度28引く、摩擦で上昇する温度8）＝80となります。そこから小麦粉の温度30、室内温度30、中種生地温度28の合計88を引くとマイナス8となり、仕込み水温度はマイナス8℃と導き出されます。

マイナス8℃の水はないので氷を使う事になります。では、氷と水の分量を計算してみましょう。（※3の計算式を参照）

仕込み水の量を3kg、水道水の温度を23℃と仮定します。

数値をあてはめてみると、仕込み水量３０００×（水道水の温度23引く、仕込み水の温度計算値マイナス8）＝９３０００、それを水道水の温度23＋80＝１０３で割ると約９０２で、氷の量は９０２gとなります。これに23℃の水道水２０９８gを加えて仕込むと28℃の生地が作れるというわけです。

油脂や塩を加えるタイミング

バター、マーガリン、ショートニングなどの固形油脂は、可塑性があるため製パンに適しています。

バターは風味がよく、加熱するとさらに香りが豊かになります。ショートニングは水分を一切含まず油脂１００%のため、サクサクとした食感を生み出します。

ミキシングの工程で油脂を加える場合は、小麦粉が水を全部吸収して全体がひとつにまとまり、グルテンがおおむね形成されてからにします。グルテンが形成する前に油脂を加えると、小麦のタンパク質と油脂が結びつき、水和

※2　仕込み水の温度［計算式］

4 ×（捏ね上げ温度－摩擦による生地の温度上昇分）－（小麦粉の温度＋室温＋中種生地の温度）＝ 仕込み水の温度

が阻害されて丈夫なグルテン膜ができないため、へたったパン生地になってしまいます。

塩は生地中のグルテンに作用し、グルテンのべたつきを減らして作業性を高めると同時に弾力性を強化します。酵母などの微生物を抑制する働きを持つため、発酵をコントロールする役目も果たします。

塩を入れないで生地を捏ねると生地がゆるむため混ぜやすく、塩を加えると引き締まるので混ざりにくくなります。

塩をミキシングの後半で加える方法を後塩法といい、おもにフランスパンやハード系のパンに利用する方法です。

捏ね上げ温度

生地の捏ね上げ温度はグルテンを形成するのに最適な温度で、生地の種類によってだいたい決められています。どのレシピを見ても捏ね上げ温度が記載されているのは、それだけ重要であるということです。

理想の捏ね上げ温度よりも高い場合はミキシング不足になりやすく、発酵が早く進みすぎ、粘りがなく切れやすいです。そうした生地で作ったパンは表皮が荒れてがさがさした感じがあり、ボリュームがなく、クラムの膜が厚く、風味や旨味に欠けますので、発酵時間を短くすることで調整します。

逆に低い場合は生地がだれることがあり、その場合は発酵時間を長めに取って調整します。

捏ね上げ温度は発酵時間を調整する目安になるため、必ず測る癖をつけるべきで、また、毎日仕込み水の温度と捏ね上げ温度を測って記録しておくと、狂いが出なくなるので是非実行してください。

一次醗酵

天然酵母を使う場合には、一次発酵をしっかりとることが重要です。イースト使用の生地よりも酵母の菌体数が少なく、発酵力が低いため、長時間発酵させる必要があります。

一次発酵が十分でないと、生地がべたついて扱いにくく、成形後にだれてしまったり、パンのボリュームが出ないという事態が起こります。充分に発酵してガスを含んだ生地は、ベタつくこともなく扱いやすいものです。

発酵前の約2倍に膨らみ、手粉をつけた人差し指で生地の中央を突き刺し手抜くと、ゆっくりと戻りながら、跡が少し残るくらいがちょうどよい発酵状態です。

指の跡がだれて沈むようなら発酵が進み過ぎており、指を抜いてすぐに戻るようなら発酵不足です。

パンチ

発酵して生地内に溜まった二酸化炭素（炭酸ガス）の大きな気泡を、生地を押さえることで外に出すガス抜き作業をパンチと呼びます。生地の目を細かくする重要な作業で、生地に刺激を与え、グルテン膜を強くしてパンをふわっと膨らませる働きがあります。

台に広げた生地を、手のひらでまんべんなく押さえるようにします。あまり強い力は入れず、優しく軽く行うのがコツです。とくにハード系のパンは、生地にコシがつかないように軽めにパンチをする場合があり、砂糖、油脂類、卵がたくさん入ったパンは、しっとりした焼き上がりにするためパンチを行わない場合があります。

分割・丸め

分割・丸めの工程中も発酵は進んでいるため、スピーディーに作業することが肝心です。

分割は生地にダメージを与える作業なので、出来るだけ生地に触らず、動かさずにスケッパーで手早く切り分け、とくにフランスパンなどのハード系のパンは、材料がシンプルで生地が弱いため、丁寧に作業します。

生地の仕込み量が多い場合は、ある程度の大きな分量に分割してから必要な量に分割し、

※3　氷と水の分量［計算式］

$$\frac{\text{仕込み水量} \times (\text{水道水の温度} - \text{仕込み水の温度計算値})}{\text{水道水の温度} + 80} = \text{氷の量}$$

生地の温度が下がらないようにします。

分割した生地は、成形時に手がかからないように完成形に近い形にするとよく、丸く成形するものは表面が張るように丸め、クッペ形や長方形などに成形するものは生地を軽く巻くようにしてまとめます。

丸めは表面に表皮を張らせ、発酵中に発生した炭酸ガスを外に逃がさないようにするのが最大の目的。そこで、生地中のガスを抜かないように力を入れずやさしく手早く丸めることが大事です。

ガスを抜くと、生地が発酵しガスを発生するのに余分な時間がかかり、また、強く丸めると生地の弾力が締まりすぎて、成形がしにくくなります。もしも、一次発酵後の生地にコシがない場合は、やや強めの力で締めながら丸め、生地のコシが強ければ軽く丸めます。

ベンチタイム

分割や丸めの工程で生地を触ると、不要な弾力が出て成形がしにくくなります。ベンチタイムはグルテンをゆるめて生地の柔軟性を取り戻す工程です。

乾燥させないように番重など容器の蓋を閉め、室温で30分前後休ませます。もしも、一次発酵が足りないような場合はベンチタイムを長めに取ることで調整します。

成形

必ず丸めた順から成形します。台に生地のとじ目を上にして置き、手のひらで軽く押さえてガスを抜きながら、それぞれのパンに合った形にします。すべての形に共通して、芯を中心に入れ、とじ目をしっかりとじて表面をきれいに張らせることが大事です。

生地のコシが弱い場合は強めに締めながら成形作り、コシが強いときは軽くまとめながら成形します。きちんと表面を張らせないと、膨らまなかったり穴が開いたりすることがあるので、生地の様子を見ながら、丁寧に表面を張らせます。

手粉は台の端にふっておき、生地を手早くなぞるようにのせたり、さっと叩いて手につけたりして使います。手粉が多くついた部分だけ硬くなってしまうため、使う量は最小限に抑えます。

最終発酵

成形した生地を番重に並べ、乾燥しないように蓋をして、発酵機で最終発酵を取ります。この最終発酵自体をホイロと呼びますが、発酵機や発酵室のことも同じくホイロと呼びます。ホイロの温度は作る製品によって異なりますが、湿度はすべて70%に設定しています。

生地が最終発酵前の2倍くらいに膨らみ、指で押すとゆっくりと戻り、少し跡が残るくらいが発酵終了の目安になります。指の跡がすぐに戻ってしまう場合は発酵が足りず、戻らないようなら発酵しすぎです。

焼成

最終発酵を終えたら、生地が変性する前にただちに焼成を行います。食パンのように型に入れて焼くもの、フランスパンのように直焼きするもの、ロールパンのように鉄板にのせて焼くものがあり、いずれも焼成することでペースト状から多孔質のスポンジ状に変化します。

天然酵母パンの焼成温度は、イースト使用のパンよりも約10℃高く設定します。

フランスパンやライ麦粉を使ったハード系のパンは、オーブンに生地を入れる前後にスチームを注入します。スチームを入れることによってクラストがつやを持ち、薄くパリッと仕上がり、クープがきれいに割れて、生地の膨らみがよくなります。

オーブンは1台ごとにクセがあり、焼き上がりが異なります。使いながら火の当たり具合を知り、使いこなすようにしましょう。

天然酵母パンの作り方

基本技術編

天然酵母

フランスパンの技術

バゲットに代表される、フランス人にとって最もオーソドックスな食事パン。パリッとした香ばしいクラストと、しっとりしたクラムが特徴です。

バゲット

フランスでは「パン・トラディショネル」と呼び、酵母、小麦粉、水、塩を基本材料とするシンプルなパンで、材料や製法、出来上がったパンの大きさや、種類、クープの数などが厳格に法律に規定されています。

日本では法律や製パン業界における決まり事はありませんが、フランスの規定を追随している状況です。

ミキシングでは後半で塩を追加する「後塩法」を用います。これは主にフランスパンの工程に使用される方法で、グルテンを引き締める働きのある塩を後半に加えることで、水和の促進、吸水の増加、パンのボリュームの拡大が図れます。また、生地が乾燥しやすいため、発酵時や成形時には注意が必要です。

配合

●中種	
強力粉	2800g(70%)
元種	200g(5%)
FMP	12g(0.3%)
水	1400g(35%)
●強力粉	1200g(30%)
●元種	800g(20%)
●モルト液	40g(1%)
●水	400g(10%)
●食塩	80g(2%)

[バゲットの作り方]

ミキシング

1

2

3

4

5

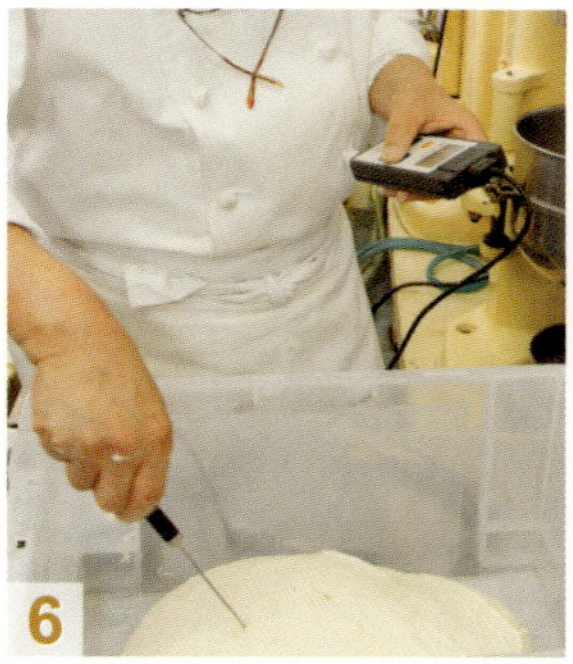

6

POINT

ひとまとまりになった段階で塩を加える。塩を加えると、生地が引き締まって混ざりにくくなるため、最後に加えて低速で2分、中速で3分捏ね、なめらかでつやのある状態にする。

1 ミキシングボウルに中種、強力粉の順に加える。

2 モルト液を加える。モルト液は粉と共に加えると器に付かない。

3 元種を加える。

4 水を加える。水は季節や作業現場の室温などに合わせて適正温度に調整する。夏期は氷を使うと調温しやすい。

5 低速で3分中低速で2分、生地がゆるい状態でよく混ぜ合わせる。

6 発酵用ケースに離型オイルをまんべんなくスプレーして生地を入れる。ミキシング終了時には必ず捏ね上げ温度を測る。目標とする最適温度は30℃である。

丸　め

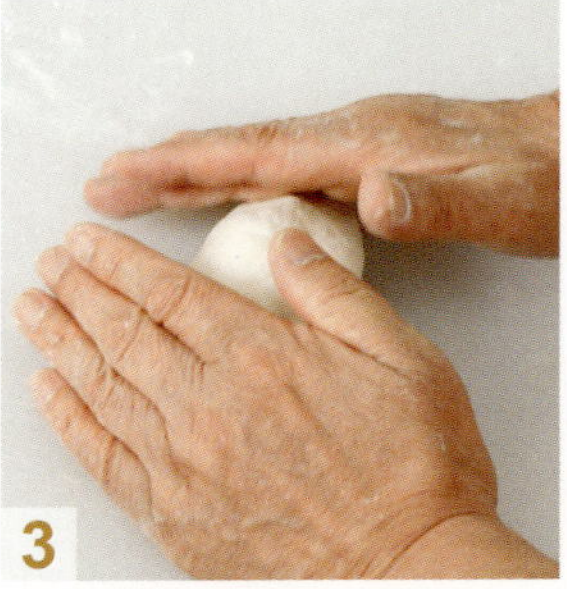

1 生地を手のひらで軽く押し、左右を持って伸ばす。

2 左右から中心に向けて折りたたむ。

3 軽く巻き、空気を入れ込むように丸めたら、手のひらで上から下へなでるようにして生地を締め、表面が張るように丸める。

4 打ち粉を振った番重に生地の閉じ目を下に向けて並べ、蓋をして常温で35～40分休ませる。一次発酵時と同様に、冬季で室温が低い場合は、温度28℃、湿度70%に設定した発酵機に入れて休ませる。

ベンチタイム

1 生地をケースに戻し、蓋をして常温で30分休ませる。ただし、室温が25℃以上であれば常温でよいが、冬季で室温が低い場合は、温度28℃、湿度70%に設定した発酵機に入れて休ませる。

分　割

1 十分に発酵して、表面のべたつきがなくなった状態。

2 生地を1個ずつの分量に合わせてスケッパーで上から押し切る。ここでは300gに切り分ける。

パンチ

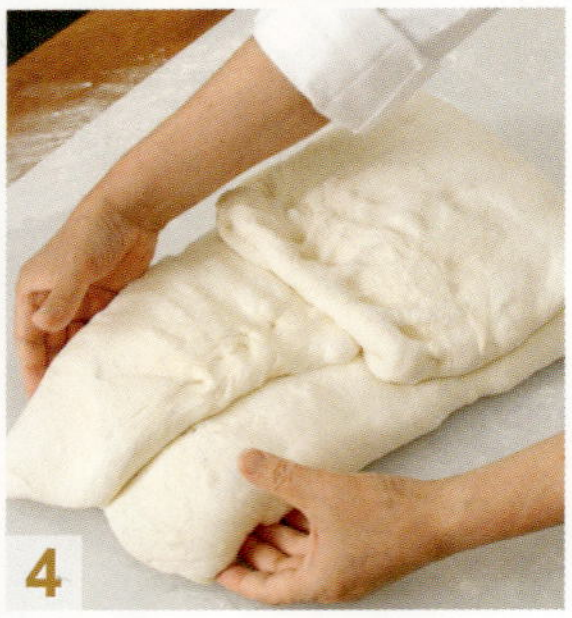

1 台に薄く均等に打ち粉（強力粉）をふり、生地を移す。ケースから出すときには、できるだけ生地に負担をかけないよう、手で持ち上げたりせずにケースをひっくり返して生地自体の重みを利用して出すこと。

2 手のひらで生地全体をやさしく軽く押さえてガスを抜く。

3 上下から折りたたんで三つ折りにする。

4 さらに左右に三つ折りにする。

一次発酵

1 ケースの蓋をして発酵機に入れる。発酵の温度は28～30℃、湿度は70～75%、時間は2時間を目安にする。生地の捏ね上げ温度が目標と異なる場合は、発酵時間を長くするなど調整が必要になる。

2 一次醗酵が終了した生地。発酵前の2.5倍程度に膨らんでいる。

成　形

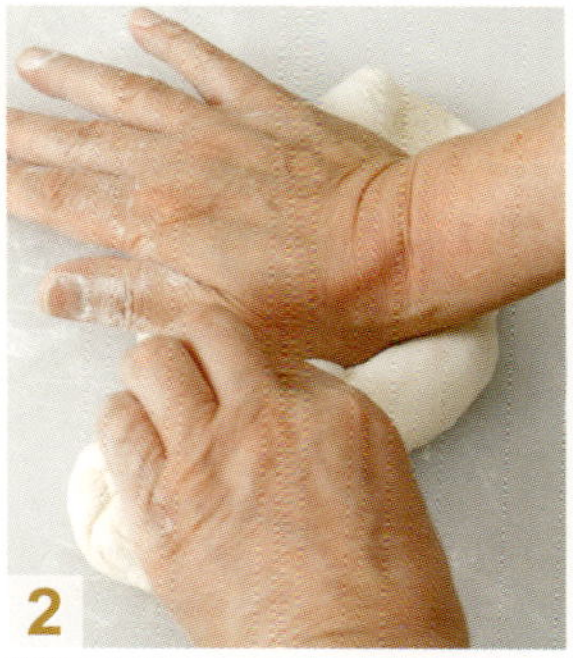

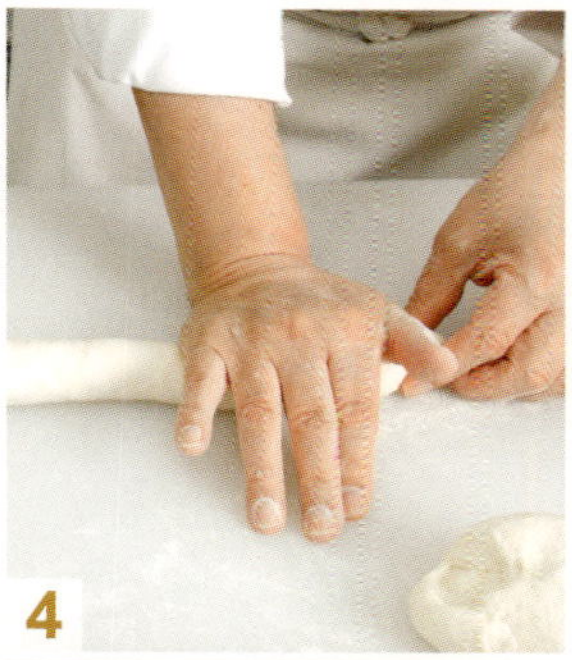

1 生地の弾力がとれたら生地を台に移し、全体を手のひらで軽く押さえてガスを抜く。

2 空気が入らないように注意しながら、向こう側から1/3のところを片方の手の親指で手前に向かって折り、もう片方の手の付け根で生地の端を押さえてくっつける。

3 閉じたところをしっかりと止める。このあと、向きを180度変えて上記と同様に1/3を折り返し、端をしっかりとくっつける。向こう側から手前に向かって半分に折り、生地の端を押さえてしっかりと止める。

4 上から軽く押さえながら転がして両端に向かって伸ばし、35cmに成形する。

5 取り置き台に布を広げる。とじ目を下にして生地を置き、布ひだを作って生地を並べる。ひだと生地は密着させずに、指一本分くらいの隙間を空けるようにすること。

ホイロ（最終発酵）

1 温度38〜40℃、湿度70％の発酵器に入れて１時間30分最終発酵させる。

2 最終発酵が終了した目安は、発酵前の約2.5倍に膨らみ生地がゆるんだ状態。指で押すとゆっくり元に戻るくらいがよい。

クープ入れ

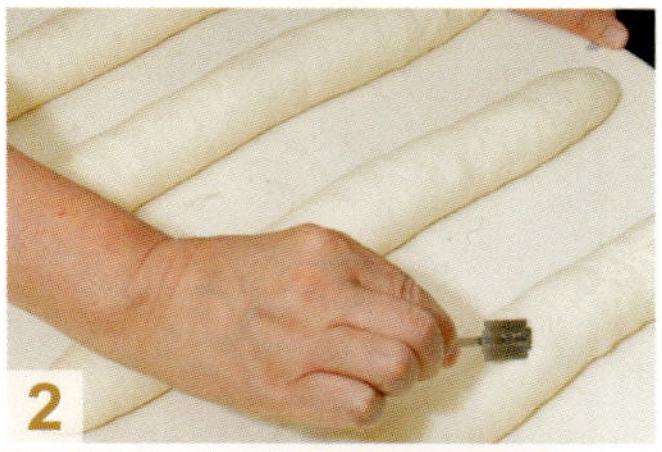

1 取り板でスリップベルトに移す。生地の表面に霧を吹く。

2 クープナイフでクープを4本入れる。

3 表面に薄く均一に打ち粉をふる。

焼　成

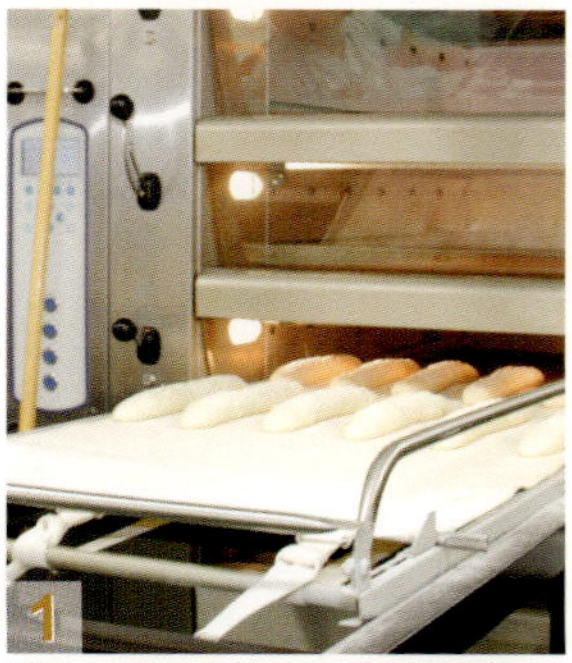

1 上火245℃、下火225℃のフランスパン専用オーブンに入れ、蒸気をかけて25分焼く。（ここではフランス・ボンガード社製「オメガ」を使用。）

※デッキオーブン型の場合は、上火210℃、下火230℃で6分焼いた後、上火210℃、下火200℃にして12分焼く。

2 へらで1本ずつ取り出し、網にのせて粗熱を取る。

バゲットのバリエーション

プチクッペ

バゲットと同じ生地を使った長さ約20cmの紡錘形のパンをクーペ、またはクッペと呼びます。長いクープが一本入り、焼成するとクープがきれいに開いて、まさにフランス語で「coupé＝切られた」という言葉がぴったりです。クラムをバゲットと較べると、丸い小さな気泡が数多く均一にあるため、より口溶けがよいのが特徴です。

成　形

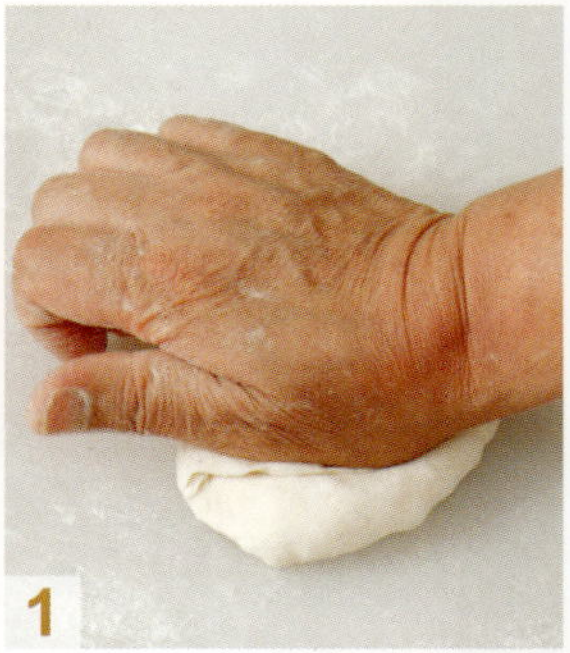

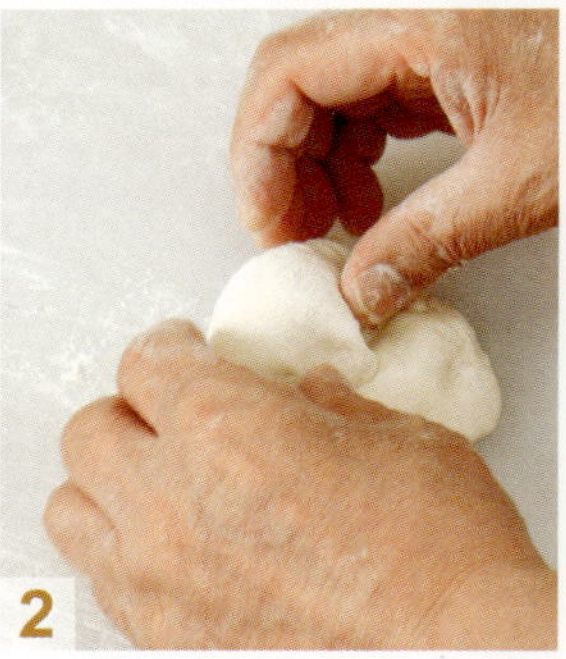

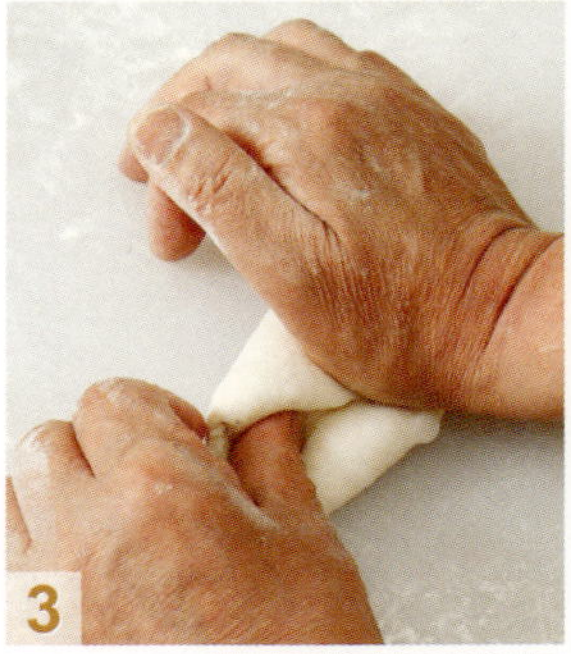

1 生地を1個80gに分割し、バゲットの工程と同様にベンチタイムまで進める。生地を台に移し、全体を手のひらで軽く押さえてガスを抜く。

2 手で縦長の楕円形に伸ばし、向こう側1/3を手前に折り返す。

3 生地を巻き込むようにして横長の形に丸め、とじ目をしっかりと止める。巻き込むことによって膨らむ力が大きくなる。

4 手のひらで上から軽く押さえながら転がし、ラグビーボール形に成形して布に並べる。この後、バゲットと同様の手順で最終発酵から焼成までを行う。

- ミキシング
- 一次発酵
- パンチ
- ベンチタイム
- 分　割
- 丸　め
- **成　形**
- ホイロ（最終発酵）
- クープ入れ
- 焼　成

バゲット（27ページ）のバリエーションで、同じ生地を使用します。

バゲットのバリエーション

チーズクッペ

プチクッペと同じ生地にクリームチーズをたっぷり包み、さらにクープにもチーズを詰め込んでいます。バゲットやプチクッペは食事と共に、または具をはさんでサンドイッチにして食べますが、これはそのままいくらでも食べられるおいしさです。チーズは生地に均等に置いて包み込み、生地をしっかり閉じることがポイントです。

材　料

焼成しても溶けないように調整したクリームチーズ。1個につき50g使用する。

- ミキシング
- 一次発酵
- パンチ
- ベンチタイム
- 分　割
- 丸　め
- 成　形
- ホイロ（最終発酵）
- クープ入れ
- 焼　成

バゲット（27ページ）のバリエーションで、同じ生地を使用します。

成　形

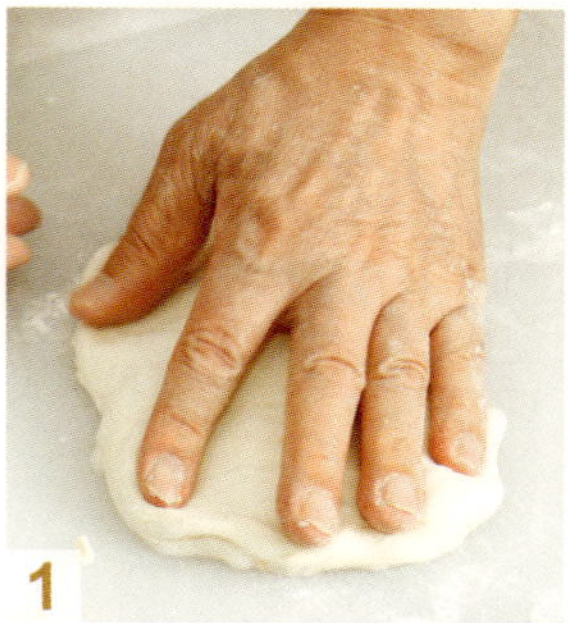

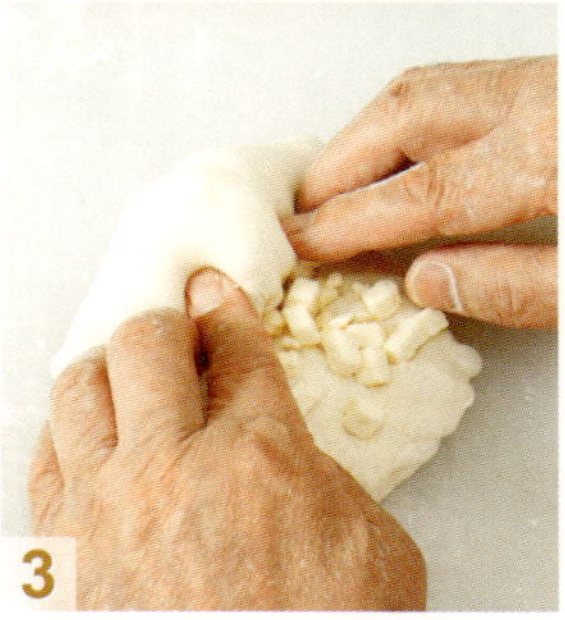

1 生地を1個160ｇに分割し、バゲットの工程と同様にベンチタイムまで進める。生地を台に移し、全体を手のひらで軽く押さえてガスを抜く。

2 生地を縦長の楕円形に伸ばし、チーズを均等に広げる。チーズが一か所に固まると生地がちゃんとくっつかず、まんべんなくチーズを置くと生地がしっかりとくっつく。

3 向こう側から手前に向かって巻き込むようにして丸める。

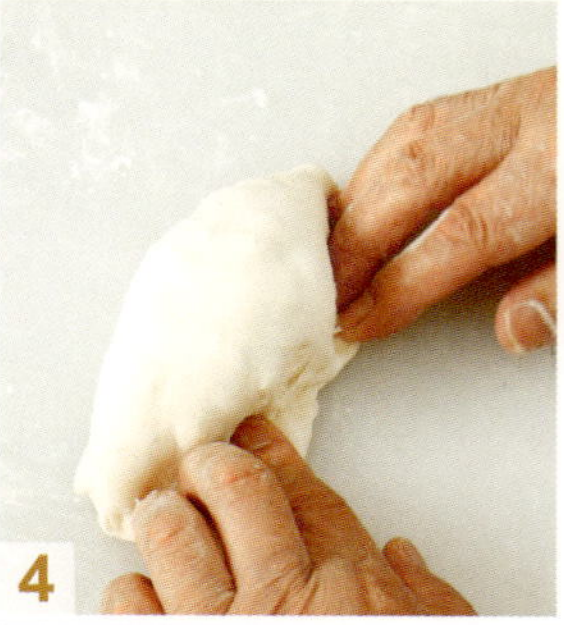

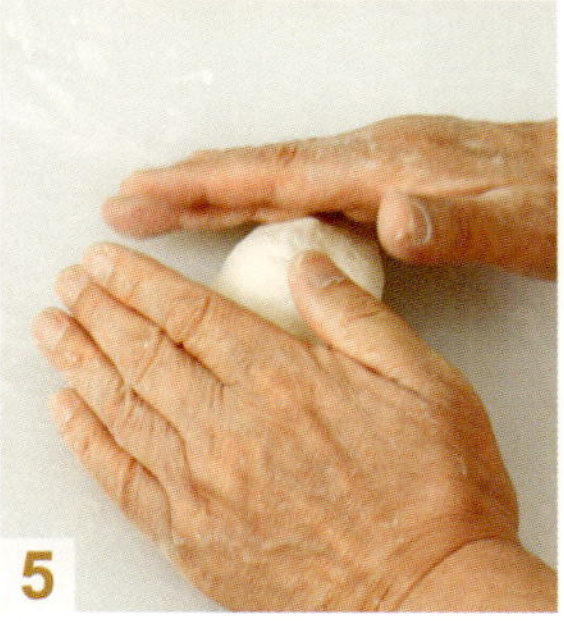

4 巻き終わりの生地の端を押さえてしっかりと止める。

5 両手で軽く押さえながら転がしてラグビーボール形に整える。

ホイロ（最終発酵）

クープ入れ

1 つなぎ目を下に向けて布に並べ、バゲットと同様に最終発酵させる。クープ1本を深めに入れたら、手粉はふらずに、チーズを詰める。以降はバゲットと同様の手順で焼成する。

天然酵母

パン・ド・カンパーニュの技術

全粒粉を配合し、味わいに深みを持たせた田舎風パン。
クラストは薄くカリッと、クラムはしっとり、噛み応えがあるのが魅力です。

カンパーニュ

フランスパンに次ぐ代表的な食事パン。元々はパリ周辺の地域で作られ、パリで売られたため「田舎(カンパーニュ)」パンと呼ばれました。全粒粉やライ麦粉を配合し、大振りに作られた素朴なパンで、焼きたてよりも冷めてからのほうがおいしく、日持ちがします。

本書では、小麦を皮ごと挽いてある全粒粉を配合しており、焼き上がったときの香ばしさと、全粒粉に含まれるミネラル分が作り出す味の深みが特徴です。全粒粉はグルテンが少ないため、バイタルグルテンを配合して補助し、フランスパンと同様に、ミキシングの後半で塩を加える後塩法を用います。生地は、発酵させると同時に成形の役目も持つ籐製の発酵かごに入れて最終発酵をさせます。

配合

- 中種
  - 強力粉 2800g(70%)
  - 元種 200g(5%)
  - FMP 12g(0.3%)
  - 水 1400g(35%)
- 強力粉 1kg(25%)
- 全粒粉 200g(5%)
- 脱脂粉乳 80g(2%)
- バイタルグルテン 20g(0.5%)
- モルト液 40g(1%)
- 砂糖 120g(3%)
- 元種 800g(20%)
- 水 200g(5%)
- 食塩80g(2%)
- 無添加ショートニング 240g(6%)

[カンパーニュの作り方]

ミキシング

POINT

ショートニングを加えて低速で4分、中低速で2分捏ねる。油脂類を水と同じタイミングで入れると、小麦粉が水分を吸収するのが遅くなりグルテンが出来にくいため、先に小麦粉と水分を混捏し、小麦粉に完全に水分を吸収させてから油脂類を加えることがポイント。生地がミキシングボウルにくっつかず、つやが出てひとつにまとまればよく、必ず捏ね上げ温度を測る。最適温度は30℃である。

1 ミキシングボウルに中種を入れ、強力粉を加える。続けて全粒粉、脱脂粉乳、バイタルグルテン、モルト液、砂糖を加える。

2 元種、適正温度に調整した水の順に加える。低速で3分、中低速で2分、生地がゆるい状態でよく混ぜ合わせる。

3 生地がひとまとまりになったら塩を加えて低速で2分捏ねる。

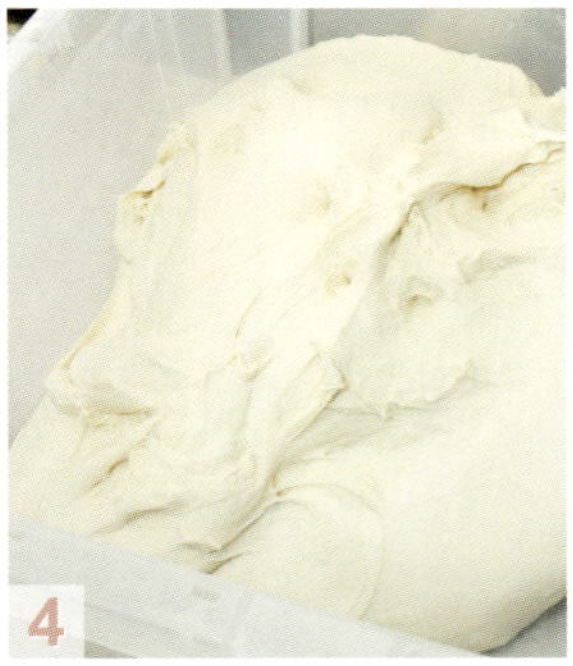

4 離型オイルをスプレーした発酵用ケースに生地を移す。ケースの蓋をして発酵器に入れる。発酵の温度は28～30℃、湿度は70～75%、時間は2時間が目安。

一次発酵

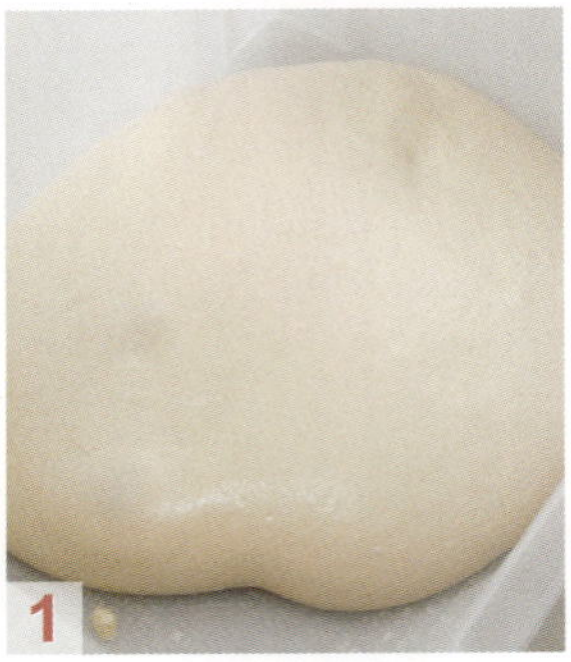

1 発酵前の約2倍に膨らんだ一次醗酵後の生地。

パンチ

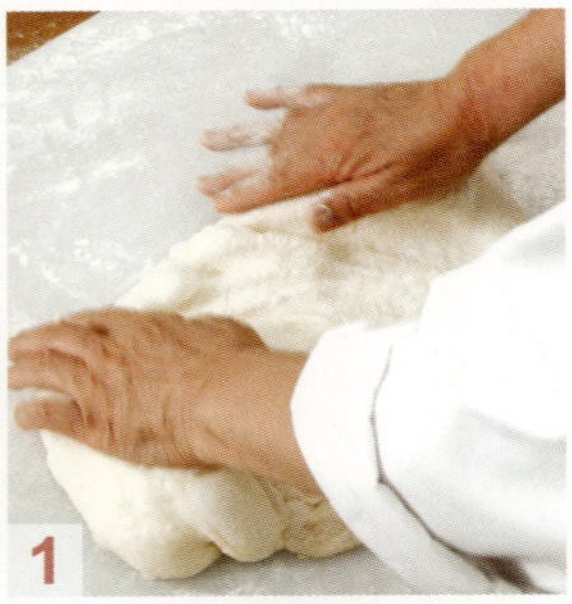

1 薄く均等に打ち粉をふった台に生地を移し、手のひらで生地全体をやさしく軽く押さえてガスを抜く。

2 左右から折りたたんで三つ折りにする。

3 さらに上下に三つ折りにする。

丸め

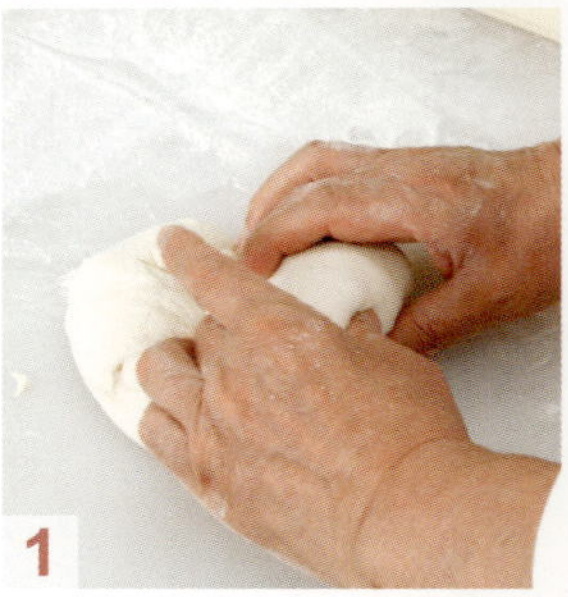

1 生地を1個ずつの分量（400g）にスケッパーで手早く切り分ける。生地の左右を中央に向かってたたんで三つ折りにし、さらに手前から向こう側に向けて丸め、生地の表面を張らせてなめらかにする。

ベンチタイム

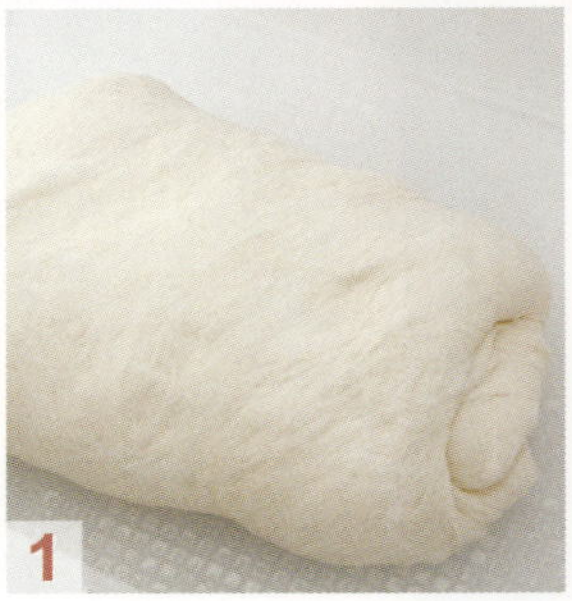

1 生地をケースに戻し、蓋をして常温（25℃）で30分休ませる。冬季で室温が低い場合は、温度28℃、湿度70％に設定した発酵器に入れて休ませる。

かごに入れる

1 パンかごに薄く均一に打ち粉をふる。これは寝かせかごとも呼び、フランス語ではバヌトン、ドイツ語ではバックコルプという。

2 生地を手のひらで軽く押さえてガスを抜き、左右に伸ばす。

3 伸ばした両端を中央に向けて折り返し、横長の長方形にする。

焼　成

1 上火230℃、下火220℃のオーブンで、生地を入れる前後に蒸気をかけ、20分焼く。焼き上がったらヘラで取り出し、網にのせて粗熱を取る。

クープ入れ

1 クープナイフでクープを入れる。

ホイロ（最終発酵）

1 かごに入れた生地を、温度40℃、湿度70％の発酵器で1時間40分最終発酵させる。発酵前の2.5倍程度に膨らんでいる。

2 かごを逆さまにして、つなぎ目を下に向けて布に移す。生地にかごの筋が残り、カンパーニュ独特の模様ができる。

かごに入れる

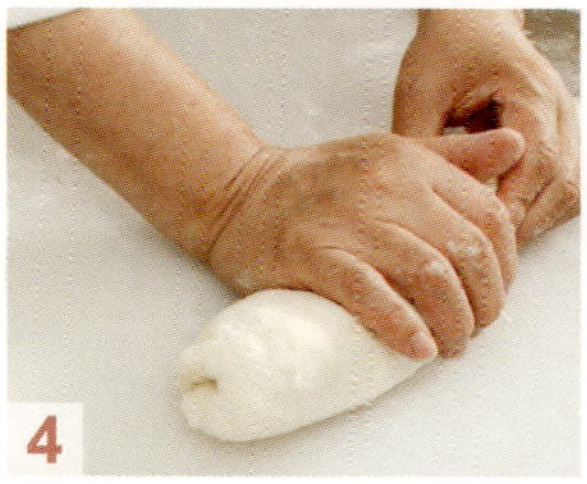

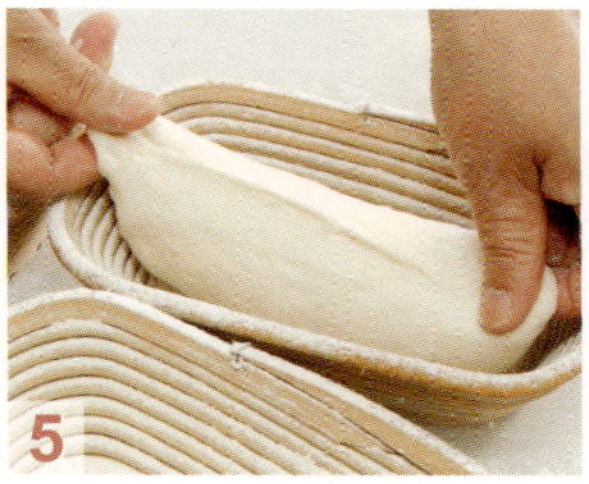

4 向こう側から手前に向かって1/3を折り返し、手のひらの付け根で押して生地の端をくっつける。生地の向きを180℃変えて、同じく1/3を折り返して端をくっつける。さらに向こう側から手前に向かって半分に折りながら、端を手のひらの付け根で押してきちんとくっつける。

5 つなぎ目を上に向けてパンかごに入れる。

パン・ド・カンパーニュ クランベリー

ドライクランベリーを30%量練り込み、
しっかりした酸味と甘みが特徴です。

パン・ド・カンパーニュ ごま

黒ごまと白ごまを各5%練り込むため、
香ばしく仕上がります。

パン・ド・カンパーニュ クルミ

生のクルミをオーブンできつね色になるまでローストして30%練り込みます。ナッツ独特の歯応えと香ばしさが活きます。

シンプルなカンパーニュは小麦粉の味自体と焼成による香ばしさが味わえ、またドライフルーツやチーズとの相性もよいので、いろいろな副材料を使って多彩なバリエーションを作ることが可能です。ここでは基本のカンパーニュ生地に、ナッツやごま、フルーツを混ぜ込んだり、チーズを包み込んで変化をつけています。

※%はすべてベーカーズパーセントで、生地に使用する全小麦粉量に対する割合です。

- ミキシング
- 一次発酵
- パンチ
- ベンチタイム
- 分　割
- 丸　め
- 成　形
- ホイロ（最終発酵）
- クープ入れ
- 焼　成

パン・ド・カンパーニュ（33〜34ページ）のバリエーションで、同じ生地を使用します。

パン・ド・カンパーニュ クルミとレーズン

オイルコーティングしてあるレーズンはそのままで、していないレーズンはざるに入れて水洗いし、よく水気を切って一晩寝かせてから使います。ローストしたクルミ15%、レーズン25%を練り込みます。

パン・ド・カンパーニュ リンゴ

砂糖を使用したタイプは生地がべたべたになってしまうため、無糖仕上げのドライアップルを使用します。生地とのバランス、食べやすさ、食感を考慮すると混ぜる副材料は8㎜角以下がよく、このリンゴも8㎜サイズを使用し、練り込み量は30%です。

ミキシング

1

2

1 パン・ド・カンパーニュの基本の生地と同様の配合と工程でミキシングまで済ませ、分量のクランベリーを加える。以下、ごま、クルミ、クルミとレーズン、リンゴもすべて同様の手順で作る。

2 低速で30秒、中低速で約1分混ぜ合わせる。生地全体にフルーツが混ざればよく、必要以上に捏ねないようにする。

離型オイルをスプレーした発酵用ケースに生地を移す。ケースの蓋をして、温度28～30℃、湿度70～75%の発酵器で2時間発酵させる。

スケッパーで生地を1個ずつの分量（130g）に手早く切り分ける。生地の左右を中央に向かってたたんで三つ折りにし、さらに手前から向こう側に向けて丸め、生地の表面を張らせてなめらかにする。番重に並べて蓋をして常温で30分間休ませる。

成形

1

2

1 生地を手のひらで軽く押さえてガスを抜き、左右に伸ばして横長の長方形にする。向こう側から手前に向かって1/3を折り返し、手のひらの付け根で押して生地の端をくっつける。生地の向きを180度変えて、同じく1/3を折り返して端をくっつける。

2 生地の芯を中心にするように巻き込み、転がしながらラグビーボール形に成形する。布に並べて温度38℃、湿度70%の発酵器で1時間40分最終発酵させる。

取り板でスリップベルトに移す。表面に霧を吹いてナイフでクープを入れ、再度霧を吹いて薄く打ち粉をふり、上火230℃、下火220℃のオーブンで、生地を入れる前後に蒸気を入れて16分焼く。

カンパーニュのバリエーション

パン・ド・カンパーニュ
チーズとブルーベリー

ブルーベリーを20%練り込んだ生地で、ダイス形のクリームチーズを包みます。たっぷり目に30%加えたチーズのコクと、ブルーベリーの甘さが引き立て合います。

成　形

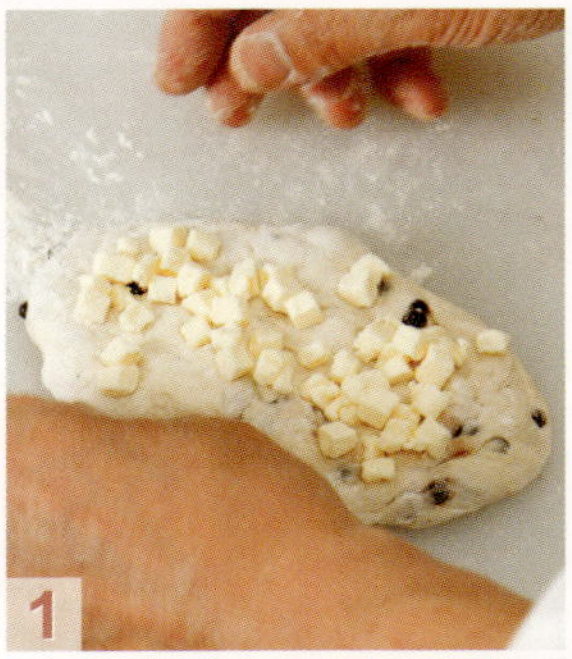

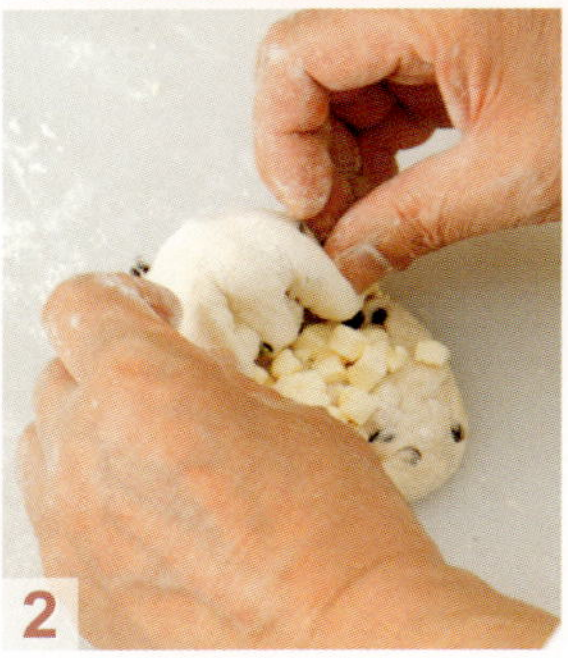

1 生地にドライフルーツを混ぜ合わせてから、番重に並べて蓋をして常温で30分間休ませるまでの工程は、他のカンパーニュと同様に行う。

生地を手のひらで軽く押さえてガスを抜き、縦長の楕円形にしてチーズを均一に散らす。

2 チーズを包み込むように、向こう側から手前に向かって折り返し、指で押して生地の端をきちんと閉じる。

3 生地の向きを180度変えて、同じく1/3を折り返し、端を指で押してしっかりくっつける。転がしながら皮を張らせて、ラグビーボール型に成形する。布に並べて温度38℃、湿度70%の発酵器で1時間40分最終発酵させる。

焼　成

1 取り板を使ってスリップベルトに移す。表面に霧を吹いてナイフでクープを入れ、再度霧を吹いて薄く打ち粉をふり、上火230℃、下火220℃のオーブンで、生地を入れる前後に蒸気を入れて16分焼く。

パン・ド・カンパーニュ(33ページ)のバリエーションで、同じ生地を使用します。

- ミキシング
- 一次発酵
- パンチ
- ベンチタイム
- 分　割
- 丸　め
- 成　形
- ホイロ(最終発酵)
- クープ入れ
- 焼　成

天然酵母

山形食パンの技術

型の蓋をせずに焼くため、生地がよく伸びて山形に仕上がります。天然酵母発酵によって、いっそう軽い食感が味わえます。

山形食パン

型に蓋をしないで焼く山形食パンは、日本では「イギリスパン」と呼びならわされています。イギリスでは「ティン」と呼ぶ鉄製パン型で焼くため、「ティンブレッド」と呼ばれ、フランスでは、山形食パン、角食パン共に「パン・ド・ミ」と呼ばれます。ヨーロッパでは小麦粉、水、塩だけで作られることが多いですが、日本の食パンはアメリカの影響を受けて、牛乳や脱脂粉乳を配合することが多く、バターなどの油脂類を加えた風味豊かなタイプもあります。牛乳は発酵を抑える作用があるため、他の材料との混ざりやすさからも脱脂粉乳を利用しています。風味をより高めるために全粒粉を配合し、補助としてバイタルグルテンを加えます。

配　合

- 中種
  - 強力粉 2800g（70%）
  - 元種 200g（5%）
  - FMP 12g（0.3%）
  - 水 1400g（35%）
- 強力粉 1000g（25%）
- 全粒粉 200g（5%）
- バイタルグルテン 20g（0.5%）
- 脱脂粉乳 80g（2%）
- 砂糖 200g（5%）
- 食塩 80g（2%）
- モルト液 40g（1%）
- 元種 800g（20%）
- 水 200g（5%）
- 無添加マーガリン 240g（6%）

※比容積は3.6です。

［山形食パンの作り方］

ミキシング

1 ミキシングボウルに中種を入れ、強力粉、全粒粉、バイタルグルテン、脱脂粉乳、砂糖、食塩の順に加え、全体を手でざっと混ぜてからモルト液を加える。
モルト液は粘り気のあるペースト状なので、分量中の強力粉を少し容器に取り分け、そこに入れて使うようにすると容器にこびりつかず、正確な分量を加え切ることができる。

2 元種と適正温度に調整した水を加える。

3 低速で3分、中速で2分、全体がまとまるまで捏ねる。

POINT
混ざりやすいように適度な大きさのさいの目に切ったマーガリンを加え、低速で2分、中速で3分、中高速で2分捏ねる。

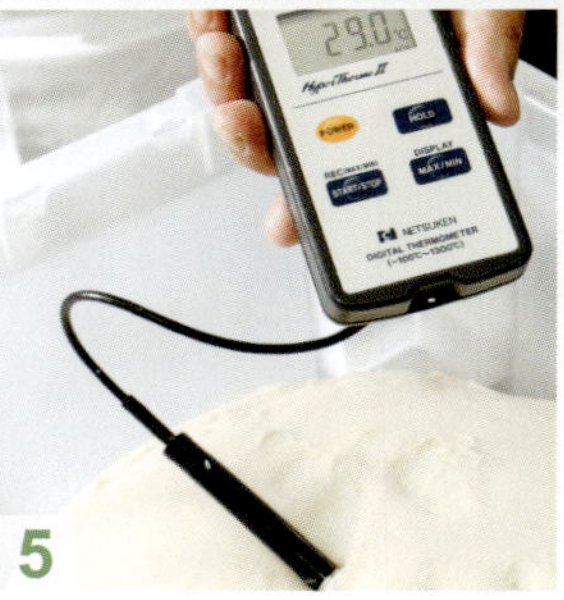

4 生地がミキシングボウルの側面に当たってべたべたという音がしなくなり、全体がまとまってなめらかになり、つやが出てくればミキシング終了。

5 発酵用ケースに離型オイルを薄く均一にスプレーし、生地を入れる。ミキシング終了時には必ず捏ね上げ温度を測る。目標とする最適温度は30℃で、温度が高いとグルテンが脆くなるため伸展性がなくなり、生地に穴が開いてしまうので、注意すること。

分　割

1 生地を1個ずつの分量（260g）にスケッパーで手早く切り分ける。1回で分量通りに切り分け、出来るだけ生地に触らないようにするのがポイント。

ベンチタイム

1 生地をケースに戻し、蓋をして常温で30分休ませる。冬季で室温が低い場合は、温度25℃、湿度70%に設定した発酵器を利用する。

パンチ

1 一次醗酵が終了した生地を打ち粉をふった台に移し、手のひらで全体をやさしく軽く押さえてガスを抜く。

2 左右から折りたたんで三つ折りにする。

3 さらに上下に三つ折りにする。

一次発酵

1 ケースの蓋をして温度28～30℃、湿度70～75%の発酵器で2時間発酵させる。

※本書では、山形食パンをモルダー成形、角食パンを手で成形しています。
これはモルダーと手作業それぞれの工程を説明するためで、パンの種類との関連はありません。

山形食パン、角食パンのどちらも、モルダーを使用しても手で成形してもかまいません。

丸め

1 生地を手前から向こう側に半分に折り返す。向きを90度変えて、再度手前から向こう側に半分に折る。折り返した端のあたりに指先を当て、指先が右手は右下、左手は左下に向かって弧を描くように動かしながら、生地を回転させて表面が張るように丸める。

2 ガスを抜くと生地の回復に時間がかかるため、出来るだけガスを抜かないようにやさしく軽く丸めること。

番重に並べて蓋をして常温で35〜40分休ませる。一次発酵時と同様に、冬季で室温が低い場合は、温度25℃、湿度70％の発酵器で休ませる。

成形

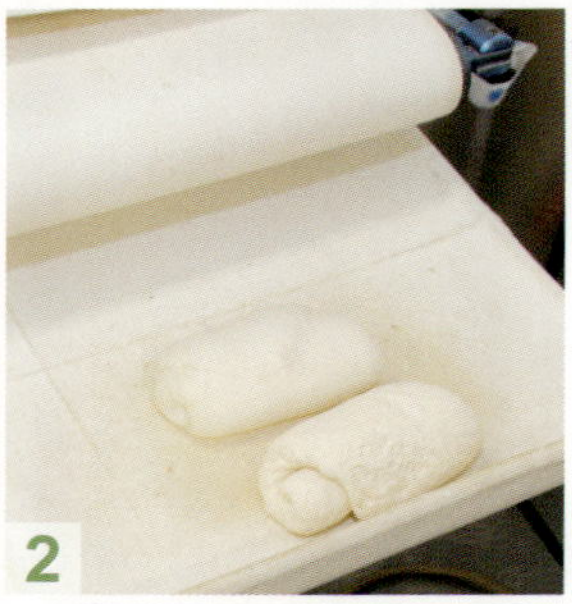

1〜2 モルダーのローラークリアランス（目盛り）5〜6で2回通してガス抜きと成形をする。

3 焼き型の内側に薄く均一に離型オイルをスプレーする。

4 生地を両端に1個ずつ詰めてから、まん中の2個を詰めると均等に詰めることができる。

ホイロ（最終発酵）

1 温度38〜40℃、湿度75〜80％の発酵器で約1時間45分〜2時間最終発酵させる。

生地は、通常オーブンに入れて7〜8分程度で心温が60℃に達するため、最大に膨張し、このことを窯のび、窯そだち、オーブンキック、オーブンスプリングと呼ぶ。それ以上生地の温度が高くなると、酵母が死滅するため膨らまなくなる。

この天然酵母生地は窯のびがよいため、型の9割程度の高さまで膨らめばよい。

焼成

1 上火180℃、下火230℃のオーブンで40分焼く。

2 表面が山形に盛りあがった焼き上り。

3 すぐに型から出す。

4 紙を敷いた網に並べて粗熱を取る。

天然酵母

角食パンの技術

日本でパンといえば角食パンというほど定番中の定番。
型に蓋をするため、きめ細かくもっちりと焼き上がります。

角食パン

四角形で四辺全部が耳（クラスト）の角食パンは、日本人に一番なじみがあるパンといってもよいでしょう。最近では英語名の「プルマン」という呼び名もだいぶ知られるようになりました。山形食パンとほぼ同じ配合ですが、よりしっとりと仕上げるため、全粒粉は加えません。型に蓋をして焼成するため、生地が型全体に均一に伸びてきめ細かい気泡が出来ます。水分が蒸発せずに生地中に残るため、クラムはしっとり、もっちりして、クラストのさっくり感とのバランスがよいのが特徴です。

配　合

- 中種
  - 強力粉 2800g（70％）
  - 元種 ……200g（5％）
  - FMP …… 12g（0.3％）
  - 水 …… 1400g（35％）
- 強力粉 … 1200g（30％）
- 脱脂粉乳 ……80g（2％）
- 砂糖 ……200g（5％）
- 食塩 ……80g（2％）
- モルト液 ……40g（1％）
- 元種 ……800g（20％）
- 水 …… 200〜400g（5〜10％）
- 無添加マーガリン ……240g（6％）

※比容積は3.7です。

［角食パンの作り方］

ミキシング

POINT

適度な大きさのさいの目に切ったマーガリンを加え、低速で2分、中速で3分、中高速で2分捏ねる。

油脂類は、形成されたグルテンの膜に入り込んでバラバラに壊してしまう性質がある。それを防ぐために、ある程度グルテンをしっかり作り、生地が強くなったのを確認してから油脂を加える。すると、ボリュームがあって伸びのよい、ふっくらとした老化の遅いパンに仕上げられる。

1 ミキシングボウルに中種を入れる。このあと続けて強力粉、脱脂粉乳、砂糖、食塩の順に加え、全体を手でざっと混ぜてからモルト液を加える。

2 元種に続けて適正温度に調整した水を加える。

3 低速で3分、中速で1分、全体がまとまるまで捏ねる。

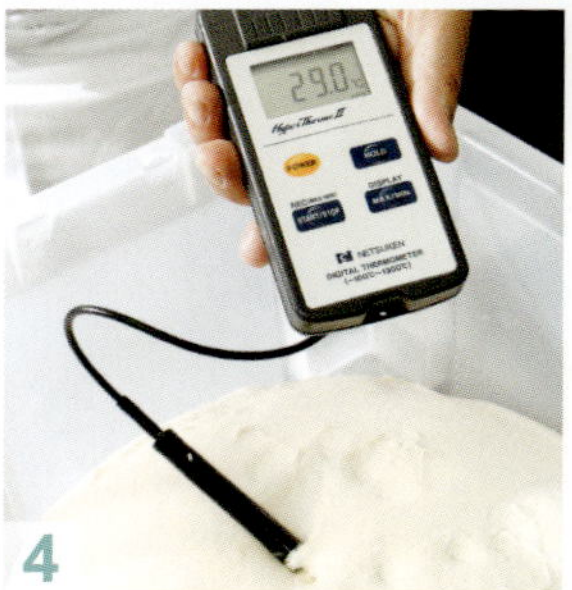

4 生地全体がまとまり、なめらかになってつやが出てきたらミキシングを終了する。離型オイルをスプレーした発酵用ケースに生地を入れ、捏ね上げ温度を測る。目標最適温度は30℃である。ケースの蓋をして温度28〜30℃、湿度70〜75％の発酵器で2時間発酵させる。

丸め

1

2

1 生地を手前から向こうに半分に折り返す。向きを90度変えて、同じように手前から向こうに半分に折る。

2 指先を折り返した端のあたりに当て、右手は右下、左手は左下に向かって指先で弧を描くようにしてやさしく生地を回転させながら表面が張るように丸める。

番重に並べて蓋をして常温で35～40分休ませる。冬季で室温が低い場合は、温度25℃、湿度70%の発酵器を使用する。

分割

1

1 できるだけ1回で、手早く250ｇに分割する。

パンチ

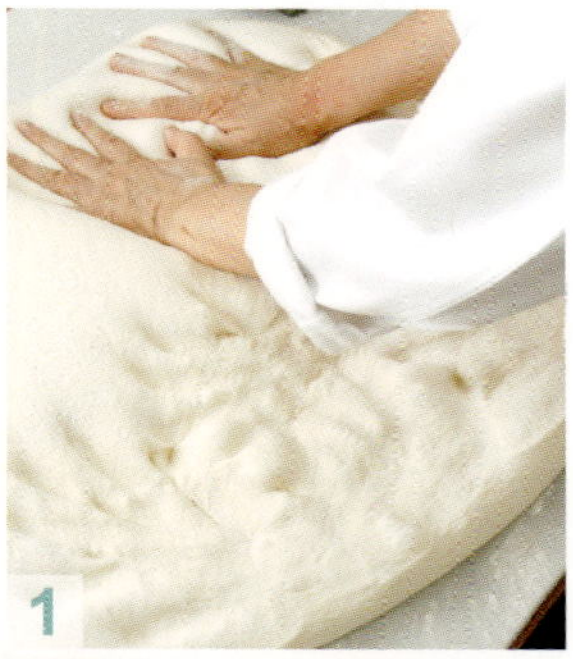
1

2

1 台に打ち粉をふって一次醗酵が終了した生地を移す。全体を手のひらでやさしく軽く押さえてガスを抜く。

2 右から1/3折りたたむ。

3

4

3 左から1/3を折りたたんで重ねる。

4 同様に上下それぞれ1/3ずつ折りたたんで重ねる。ケースに戻し、蓋をして常温で30分休ませる。冬季で室温が低い場合は、温度25℃、湿度70%に設定した発酵器を利用する。

成形

1 生地の弾力がなくなるまで休ませたら、両面に麺棒を転がしてガスを抜く。

2 生地を向こう側から手前に1/3折り返す。向きを90度変えて、同じように向こう側から手前に1/3折り、端を押さえて閉じる。

3 再度、両面に麺棒を転がして厚さを均等にする。

4 手前から向こう側に巻く。

5〜6 表面が張るように生地を締めながら巻き、巻き終わりを手のひらの付け根で押さえてしっかりと閉じる。

7 離型オイルをスプレーした型に生地を詰める。

8 温度38〜40℃、湿度75〜80%の発酵器で、約1時間45分〜2時間最終発酵させる。

ホイロ（最終発酵）

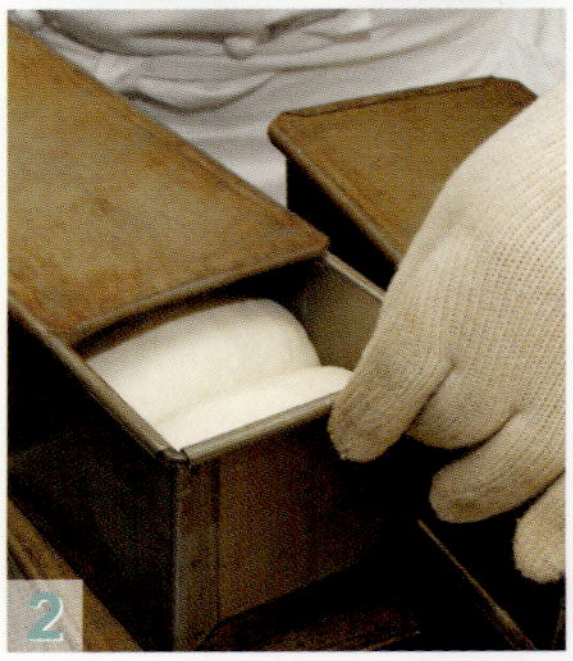

1 最終発酵終了時の生地。この生地は窯のびがよいので、型の8割程度の高さまで膨らめばよい。

2 型のふたを閉める。

焼　成

1 間隔を空けてオーブンに並べ、上火210℃、下火240℃で40分焼く。蓋をするので、山形食パンよりも高い温度で焼成する。特に上火を高めに設定するのがポイントになる。

2 焼き上がったらすぐに蓋をはずす。型が非常に熱くなっているため、軍手を二重にはめるなど注意が必要だ。

3 ただちに型からはずし、紙を敷いた網に並べて粗熱を取る。

4 角のラインに白い色が残っていることが発酵具合がちょうどよく、ホイロからオーブンに入れるタイミングが最適だった証明になる。生地が過発酵してしまうと、側面がへこんでしまうケービングという状態になるため、発酵具合を見極めることが大事である。

天然酵母

クロワッサンの技術

生地とバターを何層にも重ねる折り込み生地の代表格。クラストもクラムも同様の層をなし、サクサクした食感を生み出す。

クロワッサン

バターの豊かなコクと香り、層になった生地の食感が特徴のクロワッサン。

イーストよりも菌体数が少ないため発酵に時間がかかる天然酵母に合わせ、長時間発酵に耐えるグルテンが強い強力粉を用います。クロワッサンは、サクサクした食感になるのが特徴です。

砂糖はベーカーズパーセント5％までは発酵を促す作用があり、5％以上になると逆に発酵を抑制する働きを持ちます。天然酵母の場合、糖分の配合が多いと発酵に時間がかかり、生地に酸味が出てしまいます。砂糖の配合量は15％が限界で、クロワッサンや菓子パン用生地は、ぎりぎりの15％量に配合しています。

配　合

- 中種
  - 強力粉 2400g（60％）
  - 元種 …… 400g（10％）
  - FMP …… 12g（0.3％）
  - 水 …… 1040g（26％）
- 強力粉 … 1600g（40％）
- 砂糖 …… 400g（10％）
- 食塩 …… 80g（2％）
- 脱脂粉乳 …… 80g（2％）
- モルト液 …… 40g（1％）
- 無塩バター … 280g（7％）
- 元種 …… 1200g（30％）
- 水 …… 120g（3％）
- シートバター ……
  生地1500gに対し500g（1シート）
- 塗り玉（卵黄1、水2の割合で溶き混ぜ、裏漉ししたもの）
  …… 適宜

［クロワッサンの作り方］

ミキシング

1 ミキシングボウルに強力粉、砂糖、塩、脱脂粉乳、モルト液、バターの順に加える。

2 低速で3分撹拌し、元種と水を加えて中低速で2分撹拌し、全体をなじませる。

3 中種を加える。

4 元種、続けて適正温度に調整した水を加える。低速で2分、中速で3分、中高速で2分捏ねる。

5 生地を離型オイルをスプレーした発酵用ケースに入れ、捏ね上げ温度を測る。目標最適温度は30℃である。

ケースの蓋をして温度28～30℃、湿度70～75％の発酵器で2時間発酵させる。

台に打ち粉をふって一次醗酵が終了した生地を移す。全体を手のひらでやさしく軽く押さえてガスを抜く。

右、左の順に1/3ずつ折りたたみ、同様に上下それぞれ1/3ずつ折りたたむ。ケースに戻し、蓋をして常温で30分休ませる。冬季で室温が低い場合は、温度25℃、湿度70％の発酵器に入れる。

分 割

1 手早く1500 g に分割する。

丸 め

1 片手で生地を支えながら、もう片方の手で向こう側の生地を中央に向かって折り返し、手のひらの付け根で押さえる。生地全体を回転させながら、少しずつ生地の端を中央に寄せるように折り込んで、そのつど手のひらの付け根で押して閉じる。裏返して、生地の表面を下のとじ目に向かって送るようにしながら転がし、表面を張らせて丸める。力を入れず、やさしく扱うことがポイント。

POINT

乾燥しないようにビニール袋に入れて全体をきちんとおおい、マイナス5℃の冷凍庫で約3時間休ませる。目安はシートバターと同じ硬さになるまで。

折り込み

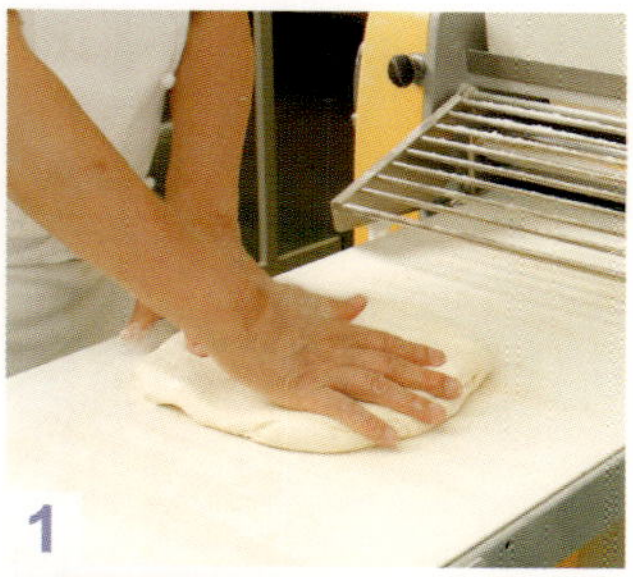

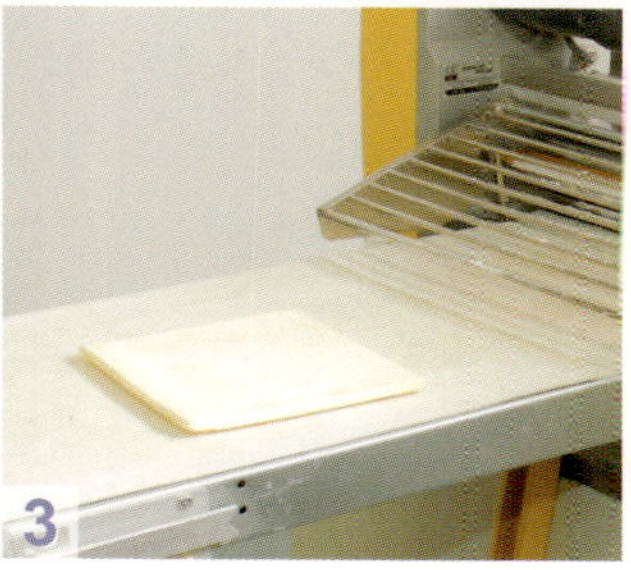

1 手のひらで押してガスを抜く。

2 生地をリバースシーターでシートバターが包める大きさに伸ばす。

3 シートバターをリバースシーターで約1.3倍の大きさ、または7mm厚に伸ばす。

4 生地の中央にシートバターをのせる。

5 左右を折りたたんで包む。

6 左右の生地の重なったとじ目、上下の生地の合わせ目を指で押さえてしっかりと閉じる。

7 リバースシーターで5mm厚に伸ばして三つ折りにする。

8 90度回転させて、再度リバースシーターで5mm厚に伸ばし、三つ折りが2回終了。これを三つに折ってビニールでぴっちり包み、マイナス5℃の冷凍庫で50分休ませる。

もう一度リバースシーターで5mm厚に伸ばし、三つ折り3回を終了させる。

バターを折り込む途中で生地を冷凍保管するのは、伸びきったグルテンを回復させるためで、室温だと生地が発酵してしまうため、冷凍庫で保管する。

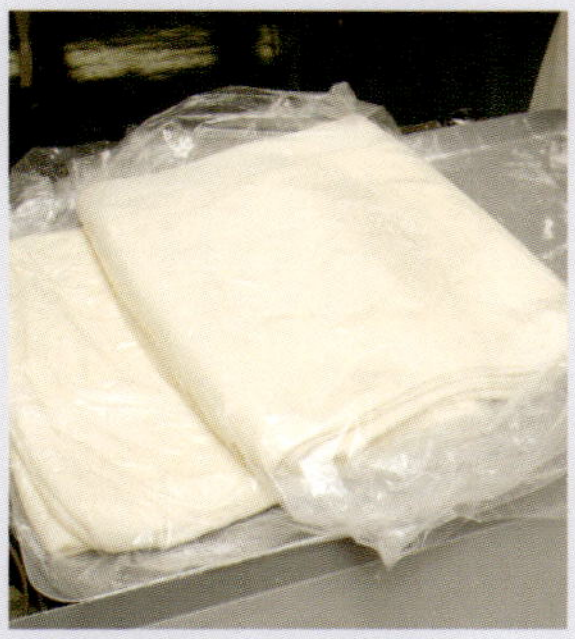

POINT

三つ折りにしてビニールでぴっちり包み、歪まないように天板に平らにのせてマイナス5℃の冷凍庫で一晩寝かせる。

成 形

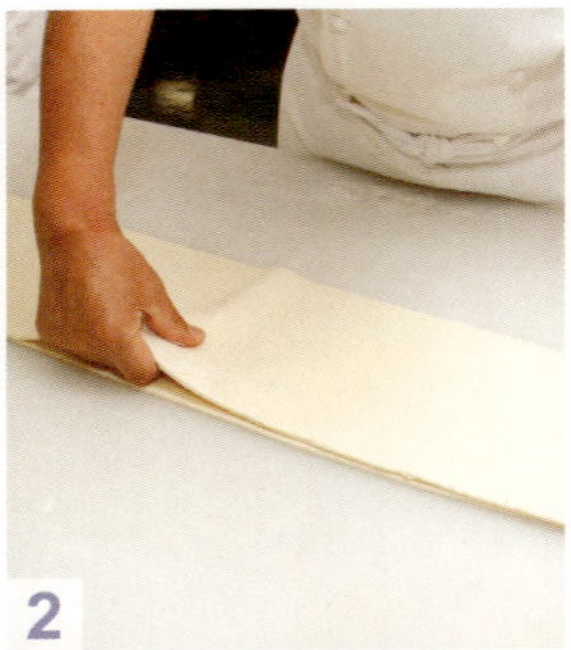

1 休ませた生地に麺棒をかけて形と厚さを整える。リバースシーターで4mm厚に伸ばす。

2 長方形の生地の短い辺を2等分にし、2枚を重ねて不揃いな縁を切り揃える。

3 底辺12cm×高さ17cmの二等辺三角形に切り分ける。

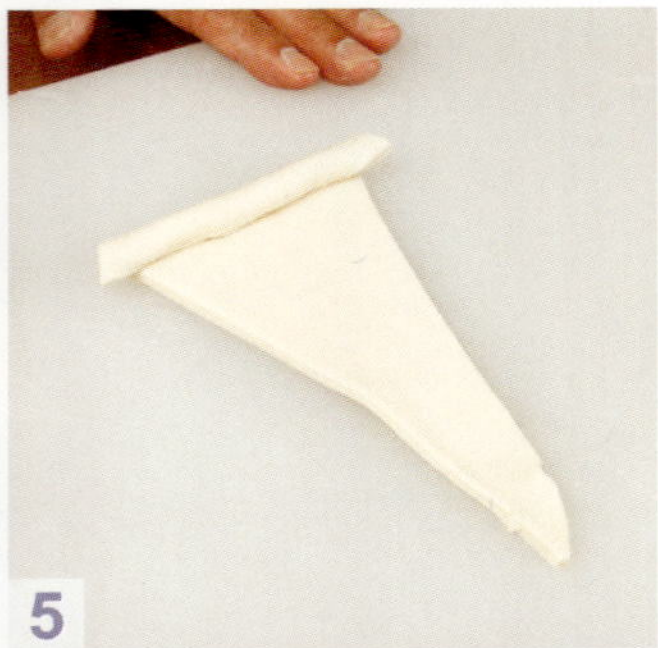

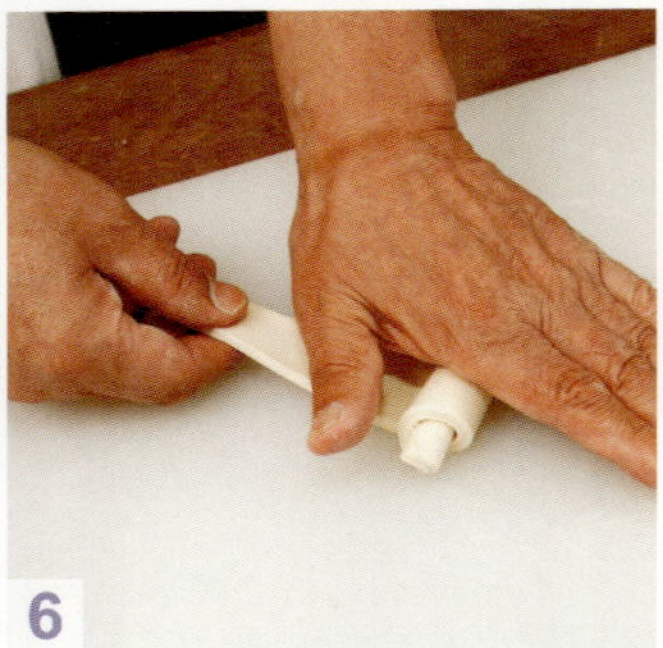

4 頂点をつまんで少し引っぱる。

5 底辺部分を少し丸める。

6 頂点を軽くつまみながら転がして丸める。切り口には出来るだけ触れずに潰さないように気をつけること。

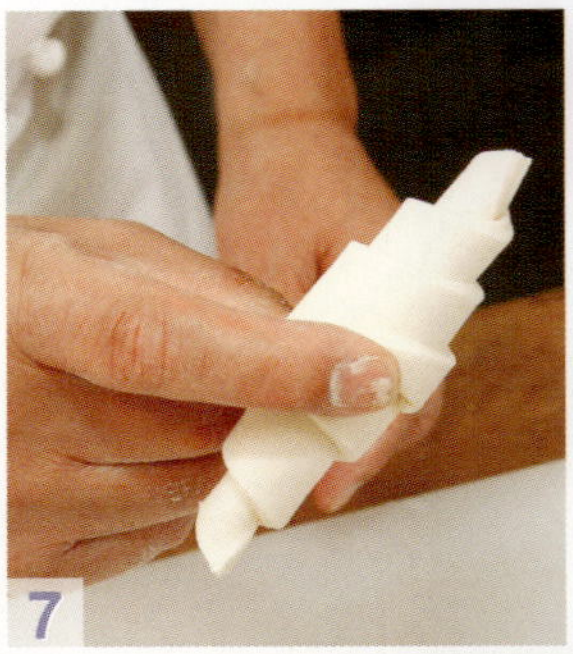

7 巻き終わりをしっかりと留め、下に向けて天板に並べる。生地温度が20℃になるまで常温で約1時間置く。

温度30～32℃、湿度70%の発酵器で約2時間最終発酵させる。バターの融点は28～35℃なので、発酵生地温度は30℃を超さないように注意する。

8 発酵前の約2.5倍に膨らんで生地表面を指で押したときに跡が残るようになれば発酵終了。

生地の層を荒らさないように、巻き目に対して平行に刷毛を動かして塗り玉を塗り、約10分ほど常温で置いて乾かす。

焼 成

1 上火210℃、下火200℃のオーブンで16～18分焼成する。

2 中央がきれいに膨らみ、表面がパリッと焼き上がればよい。

ミニクロワッサン

クロワッサンのバリエーション

基本のクロワッサンをそのままサイズダウンしたもので、手軽につまめるところが魅力です。焼成後、表面にシロップを塗り、照りを出してパリっとした口当たりを保ちます。

成　形

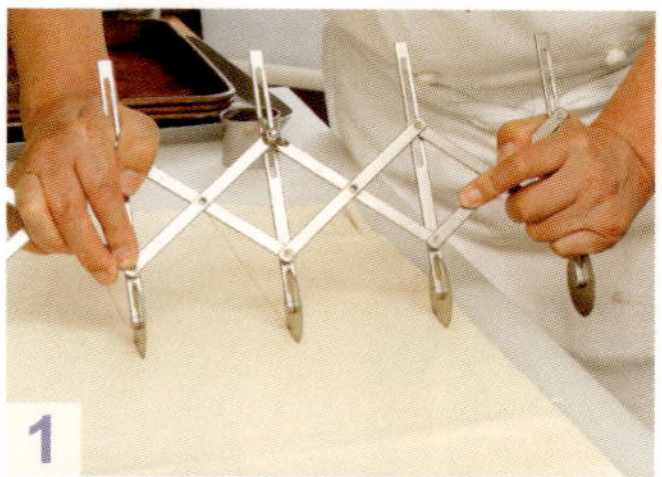

1

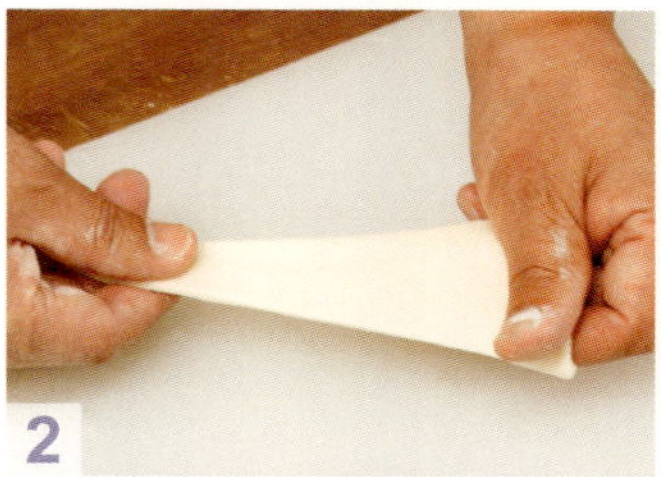

2

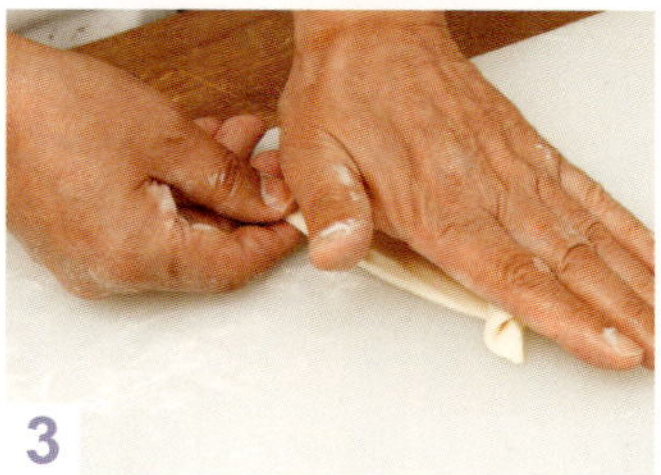

3

1. 基本のクロワッサン生地と同じ配合と工程で三つ折りを3回して、一晩休ませた生地をリバースシーターで4㎜厚に伸ばすところまで行う。
   5連のパイカッターで12㎝幅に切る。
2. 生地を軽く引っ張って伸ばす。
3. 底辺部分を少し丸め、頂点を軽くつまみながら転がして丸め、巻き終わりをしっかりと留め、下に向けて天板に並べる。
   以下、基本のクロワッサンと同様に最終発酵までの工程を行い、塗り玉は塗らずに上火210℃、下火200℃のオーブンで14～15分焼成する。すぐに、巻き目に対して平行に刷毛を動かしながらシロップを塗る。

材　料

シロップ
（グラニュー糖と水を同割で沸騰させたもの）……………　適宜

- ミキシング
- 一次発酵
- 分　割
- 丸　め
- ベンチタイム
- 折り込み
- ベンチタイム（一晩休ませる）
- **成　形**
- ホイロ（最終発酵）
- 焼　成
- 仕上げ

クロワッサン（45ページ）のバリエーションで、同じ生地を使用します

クロワッサンのバリエーション

チョコクロワッサン

基本のクロワッサン生地に、焼成しても溶け出さない製パン用スティックチョコレートを巻き込んで焼き、さらにコーティングチョコレートをかけた贅沢な一品です。食事用の甘いパンとしてだけでなく、お菓子に近い感覚で、ティータイム向け商品としてのアプローチもできます。

材 料

- 製パン用スティックチョコレート（長さ12cm）……… 適宜
- 塗り玉（卵黄2、水1の割合で溶き混ぜ、裏漉ししたもの）…… 適宜
- コーティング用チョコレート……… 適宜

- ミキシング
- 一次発酵
- 分 割
- 丸 め
- ベンチタイム
- 折り込み
- ベンチタイム（一晩休ませる）
- 成 形
- ホイロ（最終発酵）
- 焼 成
- 仕上げ

クロワッサン（45ページ）のバリエーションで、同じ生地を使用します。

成 形

1

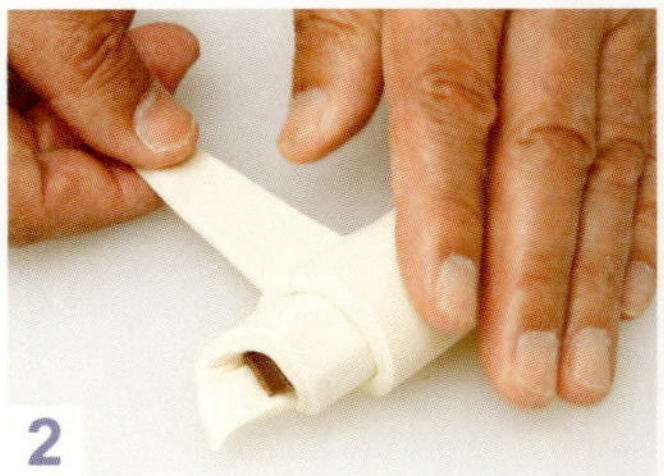
2

1 基本のクロワッサン生地とまったく同じ配合と工程で生地を作り、同じく底辺12cm×高さ17cmの二等辺三角形に切る。底辺から3〜4mm上にスティックチョコレートを置く。チョコレートはここでは不二製油㈱製のものを使用。

2 180度回転させ、手前で生地の頂点を引っ張りながら、向こう側からチョコレートを巻き込む。以下、基本のクロワッサンと同様の手順で最終発酵させ、表面に塗り玉を塗って焼成を行う。

仕上げ

1

1 粗熱が取れたらコーティング用チョコレートをかける。

天然酵母

デニッシュ・ペストリーの技術

層状の生地がパイのような菓子パン。
フィリングの組み合わせ次第で、多種多彩なバリエーションの展開が可能。

基本のデニッシュ・ペストリー(クリームチーズ)

デニッシュ・ペストリーは、発酵生地にバターを折り込んで作る菓子パンの総称です。

卵を加えてより味わい豊かな生地に仕込みますが、生卵は水分量が多いため生地がベタベタになりやすいのです。そこで、生地が水分過多にならず、配合の計算も簡単にできる乾燥卵を使うと便利です。

生地の成形方法によってかなりデザインが変わるため、形とフィリングやトッピングに使う副材料の組み合わせで自店の個性が表現できます。また、月や季節ごとに品揃えを変えることによってディスプレーに新鮮味が出せるため、お客様を飽きさせない工夫ができます。

配合

- 中種
  - 強力粉 …… 4200g(60%)
  - 元種 …… 700g(10%)
  - FMP …… 21g(0.3%)
  - 水 …… 1820g(26%)
- 強力粉 …… 2800g(40%)
- 砂糖 …… 1050g(15%)
- 食塩 …… 140g(2%)
- 脱脂粉乳 …… 140g(2%)
- 乾燥卵 …… 140g(2%)
- モルト液 …… 70g(1%)
- 無塩バター …… 490g(7%)
- 元種 …… 2100g(30%)
- 水 …… 210g(3%)
- シートバター …… 生地1500gに対し500g(1シート)
- カスタードクリーム(84、122ページ参照) …… 適宜
- クリームチーズ(角型) …… 適宜
- 塗り玉(卵黄1、水2の割合で溶き混ぜ、裏漉ししたもの) …… 適宜
- アイシング …出来上がったうちの適当な分量
  - 粉糖 …… 100g
  - 水 …… 13g
  - レモン汁 …… 少々
- セルフィユ …… 適宜

※アイシングは材料すべてをなめらかになるまですり混ぜる。

[基本のデニッシュ・ペストリー(クリームチーズ)の作り方]

ミキシング

1 ミキシングボウルに強力粉、砂糖、塩、脱脂粉乳、乾燥卵、モルト液の順に加え、混ざりやすいように適当な大きさの角切りにしたバターを加える。

2 低速で3分攪拌する。バターが細かく混ざったところで元種と水を加え、中低速で2分攪拌する。

3 中種を加える。

4 元種と氷を加えて適正温度にした水を合わせて加える。(元種と水は別々に加えてもよい。)

5 低速で2分、中速で3分、中高速で2分捏ねる。

6 ミキシングボウルの側面に生地がこびりつかなくなり、なめらかにひとまとまりになったらミキシング終了。

離型オイルをスプレーした発酵用ケースに入れ、捏ね上げ温度を測る。目標最適温度は30℃。

折り込み

1

2

3

4

5

6

7

8

1 手のひらで生地全体を軽く押してガスを抜く。

2 生地をリバースシーターでシートバターが包める大きさに伸ばす。

3 7㎜厚に伸ばしたシートバターを生地の中央にのせる。

4 右から生地を折りたたんでバターを包む。

5 左の生地も折りたたみ、右の生地に重ねてとじ目を指で押さえてしっかりと閉じる。

6 上下の生地の合わせ目も指でしっかりと押さえて閉じる。

7 リバースシーターで5㎜厚に伸ばす。

8 長い辺を三つ折りにする。

分　割

1

2

3

1 手早く、なるべく生地にふれる回数を少なくして1500ｇに分割する。

2 片手で生地を支えながら、もう片方の手で向こう側の生地を中央に向かって折り返し、手のひらの付け根で押さえる。生地全体を回転させながら、少しずつ生地の端を中央に寄せるように折り込んで、そのつど手のひらの付け根で押して閉じる。裏返して、生地の表面を下のとじ目に向かって送るようにしながら転がし、表面を張らせて丸める。クロワッサン生地と同じ丸め方で、同様に生地にはやさしくふれるように注意する。

3 ビニール袋に入れて全体をきちんとおおい、シートバターと同じ硬さになるまで休ませる。目安としては、マイナス5℃の冷凍庫で約3時間。

一次発酵

1

2

1 ケースの蓋をして温度28～30℃、湿度70～75％の発酵器で2時間発酵させる。

2 一次発酵が終了した生地。発酵前の約2倍に膨らんでいる。

台に打ち粉をふって生地を移し、手のひらでやさしく軽く全体を押さえてガスを抜く。

右、左の順に1/3ずつ折りたたみ、続けて上下それぞれ1/3ずつ折りたたむ。ケースに戻し、蓋をして常温で30分休ませる。冬季で室温が低い場合は、温度25℃、湿度70％の発酵器に入れる。

折り込み

1 再度リバースシーターで5mm厚に伸ばす。長い辺を左右からたたんで三つ折りにし、再びリバースシーターで5mm厚に伸ばす。これで三つ折りが2回終了する。ビニールできっちり包み、歪まないように天板に平らにのせてマイナス5℃の冷凍庫で50分休ませる。

2 もう一度リバースシーターで5mm厚に伸ばし、合計で三つ折りを3回行う。伸ばした生地を三つにたたむ。

3 全体をビニールできちんと包み、天板に平らにのせてマイナス5℃の冷凍庫で一晩寝かせる。

成　形

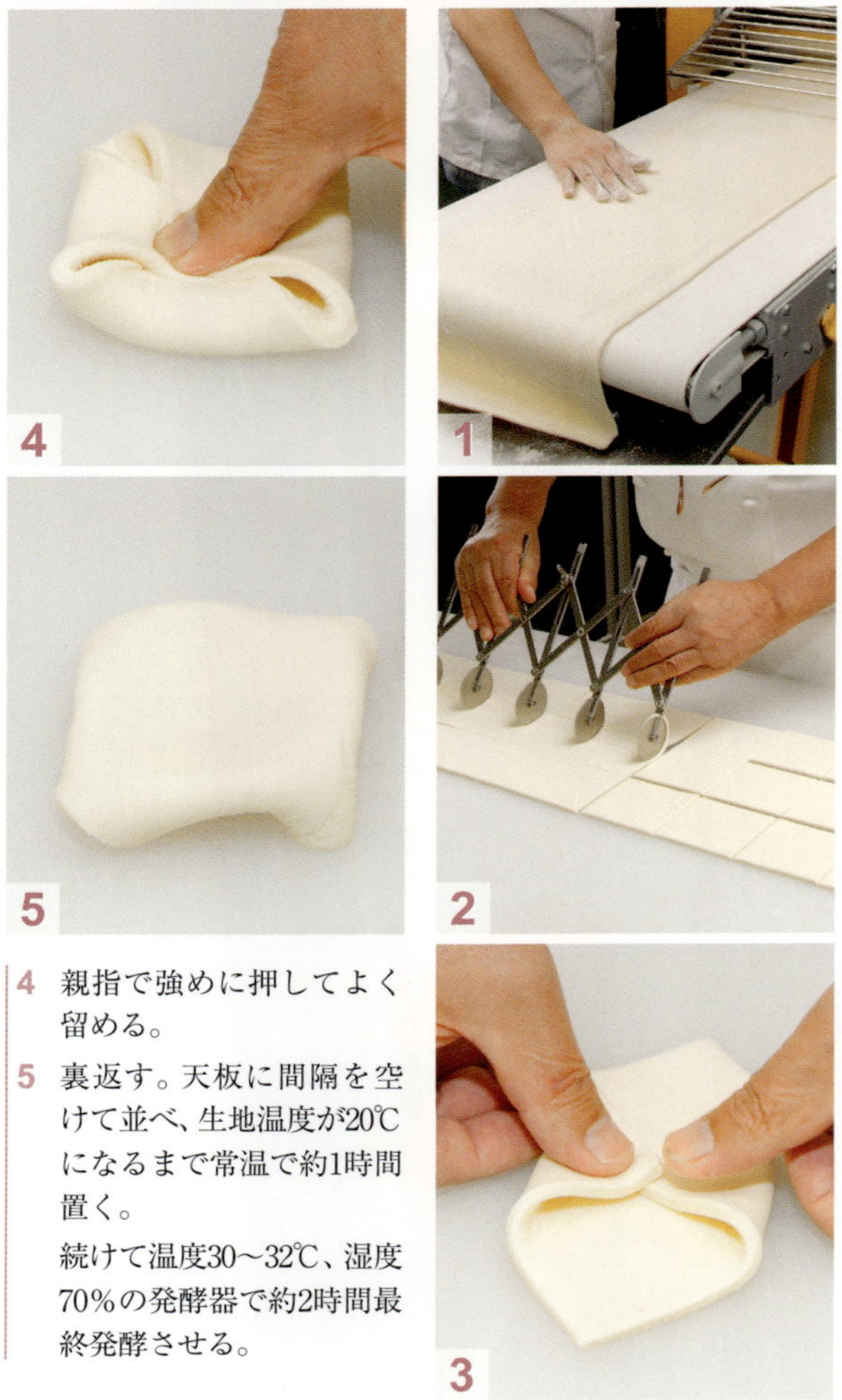

1 休ませた生地を麺棒で形と厚さを整えてから、リバースシーターで4mm厚に伸ばす。

2 5連のパイローラーで11cm角の正方形に切り分ける。

3 生地の四隅を折り返して中央で留める。

4 親指で強めに押してよく留める。

5 裏返す。天板に間隔を空けて並べ、生地温度が20℃になるまで常温で約1時間置く。

続けて温度30～32℃、湿度70％の発酵器で約2時間最終発酵させる。

ホイロ（最終発酵）

1 最終発酵が終わった生地。発酵前の約2倍に膨らみ、表面を指で押すと跡が残る状態。

2 表面に塗り玉を塗り、そのまま常温で約10分ほど乾かす。

3 中央にカスタードクリームを適量絞る。

4 クリームチーズをのせて、軽く押さえてくっつける。

上火210℃、下火200℃のオーブンで15～17分焼成する。

焼き上り

1 焼き上がりの様子。粗熱が取れたらチーズの周りの生地にアイシングで縁取りを入れ、セルフィユを飾る。

デニッシュ・ペストリーのバリエーション

デニッシュ・ペストリー
うぐいす鹿の子豆
大納言ぬれ甘納豆
さつまいも

正方形の生地を2枚用意し、片方の中央に丸抜き型で穴を開けて重ね、ホイロ後、カスタードクリームを絞って焼成します。焼成すると2枚分の生地がふわっと膨らみ、サクサクの層が出来上がります。焼成後、粗熱を取ってから生クリームを絞り、甘く炊いた豆やさつまいもを盛ります。和洋の味を調和させた日本ならではのペストリーです。

- ミキシング
- 一次発酵
- 分　割
- 丸　め
- ベンチタイム
- 折り込み
- ベンチタイム（一晩休ませる）
- **成　形**
- ホイロ（最終発酵）
- 焼　成
- **仕上げ**

材　料

カスタードクリーム、ホイップクリーム（既製品）、うぐいす鹿の子豆（既製品）、大納言ぬれ甘納豆（既製品）、さつまいも甘煮、ナパージュヌートル、アイシング、セルフィユ ……… 各適宜

基本のデニッシュ・ペストリー（54ページ）のバリエーションで、同じ生地を使用します。

成　形

1 基本のデニッシュ・ペストリー（クリームチーズ）と同様の配合と手順で、三つ折り3回を済ませた生地を一晩寝かせる。
4mm厚に伸ばして9cm角の正方形に切り分ける。生地を2枚1セットで使い、1枚の生地は中央を直径5cmの丸抜き型で抜く。

2 穴のある生地に薄く均一に水を塗り、塗った面を下に向けて穴のない生地に重ねて接着する。天板に並べて生地温度が20℃になるまで常温で約1時間置く。
続けて温度30～32℃、湿度70%の発酵器で約2時間最終発酵させる。

3 中央の穴部分いっぱいにカスタードクリームを絞り、生地部分に塗り玉を塗って、そのまま常温で約10分ほど乾かす。
上火210℃、下火200℃のオーブンで15～16分焼成する。

仕上げ

1 粗熱が取れたら、カスタードクリームの上に生地と同じ高さまでホイップクリームを絞り、うぐいす鹿の子豆を盛り付け、刷毛でナパージュヌートルを塗り、生地の4辺を縁取るようにアイシングを絞る。
大納言ぬれ甘納豆とさつまいもも同様に作り、セルフィユを飾る。
※カスタードクリームの作り方は69ページ、さつまいもの甘煮の作り方はリュスティック（98ページ）を参照してください。

デニッシュ・ペストリー
レーズンとスライスアーモンド
大納言小豆

基本のデニッシュ・ペストリー生地を伸ばしてカスタードクリームを塗り、レーズンや大納言小豆を散らしてロール状に巻き、型に入れて焼成するタイプのペストリーです。ポイントは、パン生地とクリームの巻き目が均等になるよう、バランスよく巻くことです。

材　料

カスタードクリーム、レーズン、スライスアーモンド、大納言小豆(既製品)、ナパージュヌートル、抹茶のアイシング……各適宜

※抹茶のアイシングは粉糖100gに水13gと抹茶適量をすり混ぜたもの。

- ミキシング
- 一次発酵
- 分　割
- 丸　め
- ベンチタイム
- 折り込み
- ベンチタイム（一晩休ませる）
- **成　形**
- ホイロ（最終発酵）
- 焼　成
- 仕上げ

基本のデニッシュ・ペストリー(54ページ)のバリエーションで、同じ生地を使用します。

成　形

1 基本のデニッシュ・ペストリー(クリームチーズ)と同様の配合と手順で三つ折り3回を済ませ、一晩寝かせた生地を厚さ3.5mm、長さ38cmに伸ばし、向こう側5cmくらいを残してカスタードクリームを薄く均一に塗り伸ばす。

2 カスタードクリームを塗った部分にレーズンを均等に散らす。

3 手前から向こう側に向け て巻き、均一な太さの円柱状にする。

4 1個につき95gにカットする。巻き終わりのカスタードクリームを塗っていない部分を下側に巻き込んでしっかりと留める。

5 生地を離型油を薄く均一にスプレーした丸型(直径直10cm)に並べ、生地温度が20℃になるまで常温で約1時間置く。

続けて温度30～32℃、湿度70%の発酵器で約2時間最終発酵させたら、表面に塗り玉を塗って、スライスアーモンドを散らし、そのまま常温で約10分ほど乾かす。

上火210℃、下火200℃のオーブンで15～16分焼成する。

粗熱が取れたら全体に刷毛でナパージュヌートルを塗る。

大納言小豆はスライスアーモンドは使わず、それ以外は同様に作り、ナパージュヌートルを塗ったあとで抹茶のアイシングを渦巻状に絞る。

デニッシュ・ペストリーのバリエーション

デニッシュ・ペストリー リンゴ モンブラン 紫イモ

基本の生地を正三角形に切り、丸型に詰めて焼成すると、三つの角が反り上がってスタイリッシュな器にも見えます。プチガトーを作るイメージで、クリームチーズにはキャラメリゼしたリンゴのコンポートを合わせ、モンブランや紫イモのペーストは口金で中高に絞ります。

成　形

1 基本のデニッシュ・ペストリー（クリームチーズ）と同様の配合と手順で三つ折り3回を済ませ、一晩寝かせた生地を4㎜厚に伸ばし、1辺が11㎝の正三角形に切り分ける。

離型油を薄く均一にスプレーした丸型（直径10㎝）に、生地の角が内側に折れるようにはめ込む。型を天板に並べ、生地温度が20℃になるまで常温で約1時間置く。

続けて温度30〜32℃、湿度70％の発酵器で約2時間最終発酵させ、塗り玉を塗って、そのまま常温で約10分ほど乾かす。

2 クリームチーズを絞る。これはリンゴに使用する。

3 同様に中央にカスタードクリームを絞る。こちらはモンブランと紫イモに使用する。

4 上火210℃、下火200℃のオーブンで15〜16分焼成する。粗熱が取れたら、クリームチーズを絞った生地の中央に、バーナーでキャラメリゼしたリンゴのコンポートを盛り付け、ナパージュヌートルを塗り、セルフィユを飾る。角の3か所にアイシングを絞る。

モンブランは中央にホイップクリーム、モンブランペーストの順に絞って栗の渋皮煮を盛り、ナパージュヌートルを塗ってセルフィユを飾る。同様にアイシングを絞る。

紫イモは表面に粉糖をふり、中央にホイップクリーム、紫イモのペーストの順に絞ってセルフィユを飾る。

材　料

カスタードクリーム、クリームチーズ（クリーム状）、ホイップクリーム、リンゴのコンポート、モンブランペースト、栗の渋皮煮、アイシング、紫イモペースト、粉糖、セルフィユ ……各適宜

- ミキシング
- 一次発酵
- 分　割
- 丸　め
- ベンチタイム
- 折り込み
- ベンチタイム（一晩休ませる）
- **成　形**
- ホイロ（最終発酵）
- 焼　成
- 仕上げ

基本のデニッシュ・ペストリー（54ページ）のバリエーションで、同じ生地を使用します。

デニッシュ・ペストリー ダークチェリー

クリームチーズと共にデニッシュ・ペストリーの定番といってよいのが、さわやかな酸味が魅力のダークチェリー。パイのように何層にも膨らんだ生地、口溶けのよいカスタードクリーム、ダークチェリーというのは、シンプルでいて飽きない組み合わせです。生地は基本の生地と同じ成形まで済ませ、裏返さないで使う方法です。

成　形

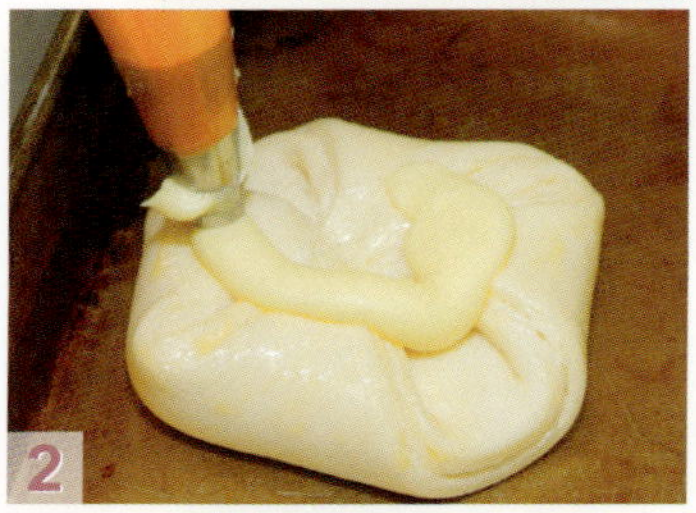

1 基本のデニッシュ・ペストリー（クリームチーズ）と同様の配合と手順で生地の三つ折りを3回してから伸ばし、5連のパイローラーで11cm角の正方形に切り分ける。

生地の四隅を折り返して中央で留め、親指で強めに押してよくくっつける。

天板に間隔を空けて並べ、生地温度が20℃になるまで常温で約1時間置く。

続けて温度30〜32℃、湿度70％の発酵器で約2時間最終発酵させる。

2 最終発酵が終わった生地の表面に塗り玉を塗り、そのまま常温で約10分ほど乾かして、中央にカスタードクリームを適量絞る。

3 ダークチェリーを4個並べ、上火210℃、下火200℃のオーブンで15〜17分焼成する。粗熱が取れたらダークチェリーにナパージュヌートルを塗り、セルフィユを飾る。

材　料

カスタードクリーム、ダークチェリー（シロップ漬け）、ナパージュヌートル、セルフィユ…… 各適宜

※ダークチェリーを漬けるシロップは、グラニュー糖1kg、水1kgを沸騰させて粗熱を取り、そこにキルシュワッサー（リキュール）200gを入れ、レモン1個分を1/2に切って絞り入れ、そのレモンを皮ごと漬け込んで作ります。

- ミキシング
- 一次発酵
- 分　割
- 丸　め
- ベンチタイム
- 折り込み
- ベンチタイム（一晩休ませる）
- **成　形**
- ホイロ（最終発酵）
- 焼　成
- 仕上げ

基本のデニッシュ・ペストリー（54ページ）のバリエーションで、同じ生地を使用します。

デニッシュ・ペストリーのバリエーション

デニッシュ・ペストリー
メランジェ

「メランジェ」とは、フランス語で「混ぜる」という意味で、ここでは複数のベリー類を混ぜたものを指します。ベリー類はあらかじめナパージュヌートルをからめておくと、生地に盛りやすく、ナパージュが固まったあとは崩れにくく、美しいつやも得られます。また、乾燥を防ぐという利点もあります。

成　形

1 基本のデニッシュ・ペストリー（クリームチーズ）と同様の配合と手順で生地の三つ折りを3回してから伸ばし、5連のパイローラーで9cm角の正方形に切り分ける。

薄く均一に離型油をスプレーした楕円形の型（アルミカップ）に生地の四隅が少し内側に折れるようにはめ込む。天板に間隔を空けて並べ、生地温度が20℃になるまで常温で約1時間置く。

続けて温度30～32℃、湿度70％の発酵器で約2時間最終発酵させる。最終発酵が終わった生地の表面に塗り玉を塗り、そのまま常温で約10分ほど乾かして、中央にカスタードクリームを適量絞る。

このあと上火210℃、下火200℃のオーブンで15～17分焼成する。

粗熱が取れた生地の中央にホイップクリームを絞る。

ボウルにベリー類を入れ、ナパージュヌートルを加えてまんべんなくからめ、クリームの上に盛り付け、セルフィユを飾る。

周りをアイシングで飾る。

材　料

カスタードクリーム、ホイップクリーム（既製品）、ブルーベリー（冷凍）、クランベリー（冷凍）、ラズベリー（冷凍）、ナパージュヌートル、セルフィユ、アイシング …各適宜

- ミキシング
- 一次発酵
- 分　割
- 丸　め
- ベンチタイム
- 折り込み
- ベンチタイム（一晩休ませる）
- **成　形**
- ホイロ（最終発酵）
- 焼　成
- 仕上げ

基本のデニッシュ・ペストリー（54ページ）のバリエーションで、同じ生地を使用します。

デニッシュ・ペストリーのバリエーション

デニッシュ・ペストリー
ラズベリー

正方形の生地の端に切り込みを入れ、折り紙細工のように折り返して縁を作ります。ごく簡単な手順ですが、ちょっと面白い縁のある菱形が出来上がり、目先を変えることができます。ラズベリーの酸味と相性のよいホイップクリームを合わせています。

成　形

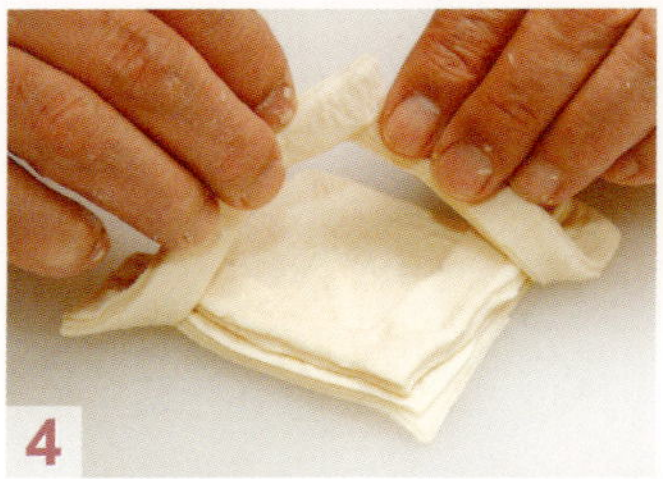

1 基本のデニッシュ・ペストリー（クリームチーズ）と同様の配合と手順で生地の三つ折りを3回してから伸ばし、5連のパイローラーで11cm角の正方形に切り分ける。二つに折って三角形にする。

2 三角形の両側の辺にそって、端から内側約1cmに切り込みを入れて縁を作る。頂点から約2cmは切らずにつなげておく。

3 広げて正方形に戻し、端に刷毛で水（分量外）を塗る。

4 縁切り込みの部分から縁を交互に反対側に折り返す。焼成時に生地がずれないようにしっかり留める。

5 縁取りのある菱形が出来上がる。天板に間隔を空けて並べ、生地温度が20℃になるまで常温で約1時間置く。

続けて温度30〜32℃、湿度70%の発酵器で約2時間最終発酵させる。

最終発酵が終わった生地の表面に塗り玉を塗り、そのまま常温で約10分ほど乾かして、中央の菱形部分にカスタードクリームを適量絞る。

上火210℃、下火200℃のオーブンで15〜17分焼成する。

粗熱が取れたらカスタードクリームの上にホイップクリームを絞り、ラズベリーを盛ってナパージュヌートルを塗り、セルフィユを飾る。

周りをアイシングで飾る。

材　料

カスタードクリーム、ホイップクリーム、ラズベリー（冷凍）、ナパージュヌートル、セルフィユ、アイシング ……… 各適宜

ミキシング
一次発酵
分　割
丸　め
ベンチタイム
折り込み
ベンチタイム（一晩休ませる）
成　形
ホイロ（最終発酵）
焼　成
仕上げ

基本のデニッシュ・ペストリー（54ページ）のバリエーションで、同じ生地を使用します。

デニッシュ・ペストリーのバリエーション

デニッシュ・ペストリー マンゴー メランジェとマンゴー

夏期向けの素材として人気の高いマンゴーを使うペストリーは、同じトロピカルフルーツであるココナッツロングを合わせたものと、メランジェを合わせたものの2種類です。生地は正方形の四隅に切り込みを入れ、風車のように折り返します。こうしていろいろなデザインを作れるのがペストリーの面白さでもあります。

材　料

カスタードクリーム、アーモンドスライス、ホイップクリーム（既製品）、マンゴー（冷凍）、ブルーベリー（冷凍）、クランベリー（冷凍）、ラズベリー（冷凍）、ナパージュヌートル、セルフィユ、ココナッツロング……各適宜

ミキシング
一次発酵
分　割
丸　め
ベンチタイム
折り込み
ベンチタイム（一晩休ませる）
成　形
ホイロ（最終発酵）
焼　成
仕上げ

基本のデニッシュ・ペストリー（54ページ）のバリエーションで、同じ生地を使用します。

成　形

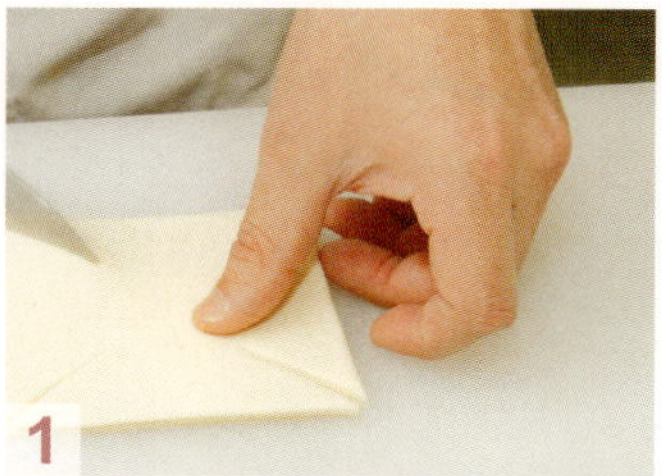
1

2

3

4

5

1 基本のデニッシュ・ペストリー（クリームチーズ）と同様の配合と手順で生地の三つ折りを3回してから伸ばし、5連のパイローラーで11cm角の正方形に切り分ける。

生地の4つの角から中央に向かって、約1/2切り込みを入れる。

2 1つの角を中央に向かって折り、端を指で押して留める。

3 1つ飛ばして次の角を同様に折って留める。

4 1つ置きに折って中央でしっかり留め、風車形にする。

5 天板に間隔を空けて並べ、生地温度が20℃になるまで常温で約1時間置く。

続けて温度30〜32℃、湿度70%の発酵器で約2時間最終発酵させる。

最終発酵が終わった生地の表面に塗り玉を塗り、スライスアーモンドを散らし、そのまま常温で約10分ほど乾かして、中央にカスタードクリームを適量絞る。

上火210℃、下火200℃のオーブンで15〜17分焼成する。

粗熱が取れたらカスタードクリームの上にホイップクリームを絞り、マンゴーを盛ってナパージュヌートルを塗り、オーブンで香ばしく焼き色をつけたココナッツロングを飾る。

マンゴーとメランジェは、ホイップクリームの上にナパージュをからめたマンゴーとベリー類を盛り付け、セルフィユを飾る。

天然酵母

調理パン・菓子パンの技術

本書の天然酵母によるパン生地は、調理パンのバターロールからカレードーナツまで、菓子パン生地はあんパンからメロンパンまで、幅広いアイテム展開が自由自在です。

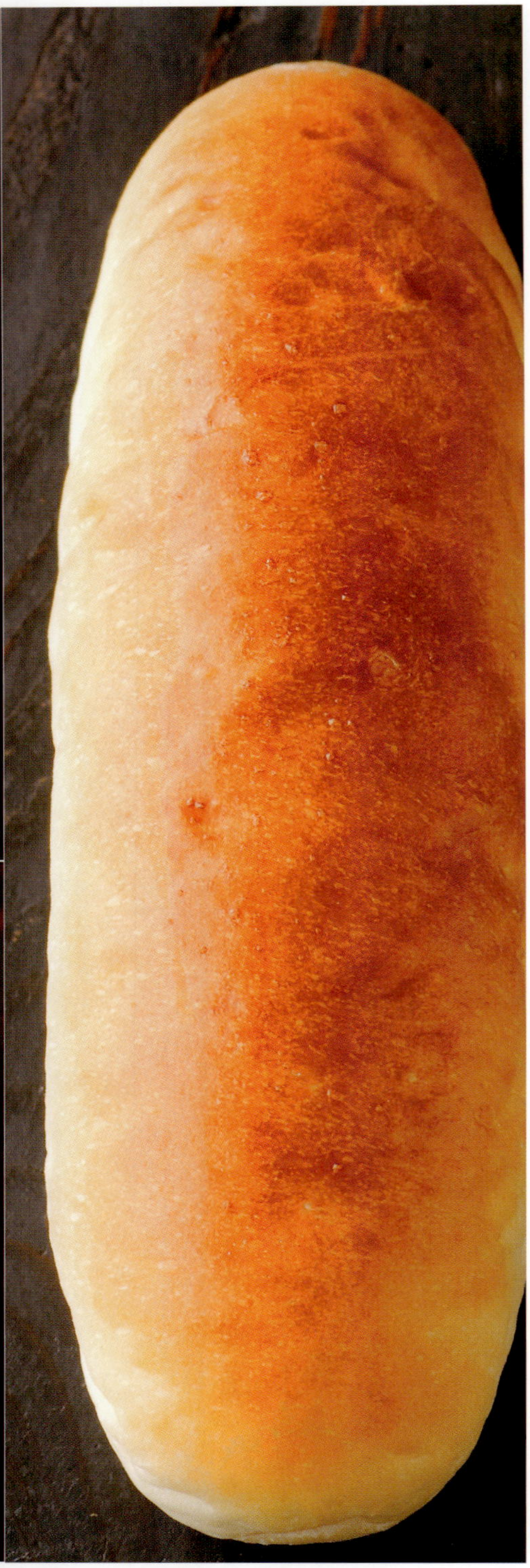

バターロール

バターロールは食事のときにバターをつけなくても食べられるようにバターを練り込んであり、テーブルロール、ディナーロールなどとも呼ばれます。

同じ生地でホットドッグ用パン、バーガーバンズ、カレーパンやピロシキも作れます。

［バターロールの作り方］

ミキシング

1 ミキシングボウルに中種を入れ、強力粉を加える。続けて砂糖、食塩、脱脂粉乳、乾燥卵の順に加える。

2 粉類の最後にモルト液を加える。

3 元種を加える。水分は粉類をすべて加え終わってから加える。

4 適正温度に調整した水を加える。低速で3分、中低速で2分捏ねる。

5 適当な大きさのさいの目に切ったバターを加え、低速で2分、中速で3分、中高速で2分捏ねる。

6 生地がひとまとまりになって、ミキシングボウルの側面にくっつかなくなったらミキシング終了。離型オイルをスプレーした発酵用ケースに入れ、捏ね上げ温度を測る。目標最適温度は30℃で、それよりも低かった場合は一次発酵の時間を長く取って調整する。

配 合

- 中種
  - 強力粉 …… 2800g（70%）
  - 元種 …… 200g（5%）
  - FMP …… 12g（0.3%）
  - 水 …… 1400g（35%）
- 強力粉 …… 1200g（30%）
- 砂糖 …… 480g（12%）
- 食塩 …… 72g（1.8%）
- 脱脂粉乳 …… 80g（2%）
- 乾燥卵 …… 80g（2%）
- モルト液 …… 40g（1%）
- 無塩バター …… 400g（10%）
- 元種 …… 800g（20%）
- 水 …… 320g（8%）
- 塗り玉（卵黄1、水2の割合で溶き混ぜ、裏漉ししたもの） …… 適宜

丸　め

1

1　指先で生地の手前側を持って向こう側に半分に折り返し、手のひらで包み込むようにして転がして細長いしずく形にまとめる。

番重に並べて蓋をして常温で約30分休ませる。目安は指先で軽く押すと跡が残るまで。

分　割

1

1　手早く、なるべく生地にふれる回数を少なくして1個50gに分割する。

ベンチタイム

1

1　ベンチタイムが終わって表面の張りがゆるんだ生地。

パンチ（ガス抜き）

1

2

1　温度28～30℃、湿度70%の発酵器で2時間一次発酵させた生地を、打ち粉をふった台に移し、手のひらで軽くやさしく押してガスを抜く。

2　右、左の順に1/3ずつ折りたたむ。続けて上下それぞれ1/3ずつ折りたたむ。ケースに戻し、蓋をして常温で30～35分休ませる。冬季で室温が低い場合は、温度25℃、湿度70%の発酵器に入れる。

成　形

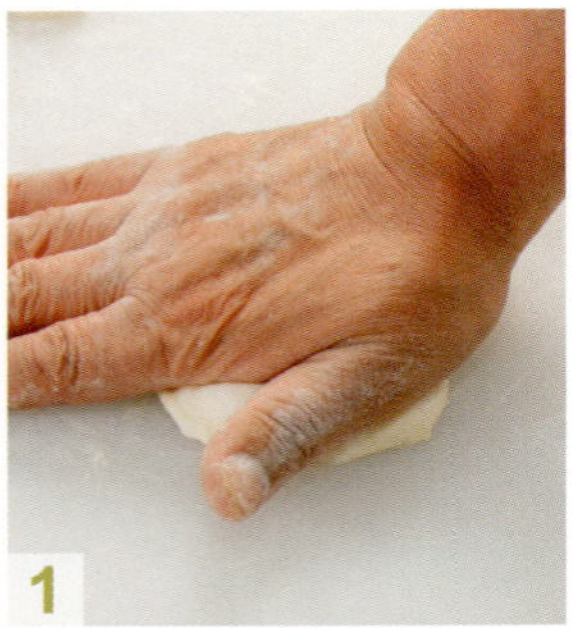

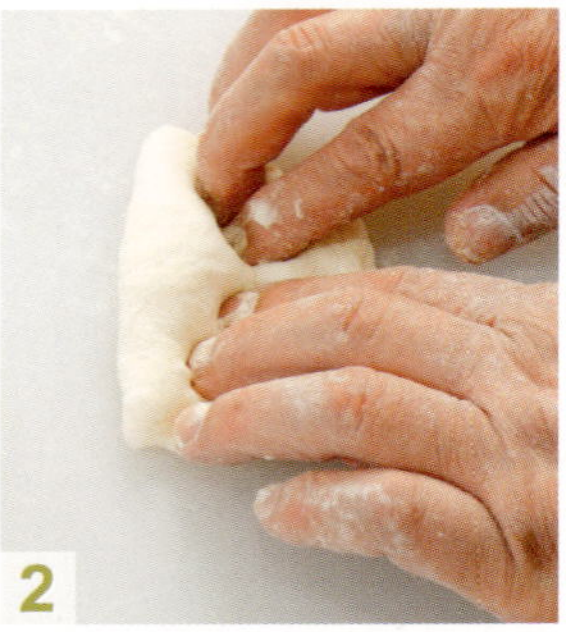

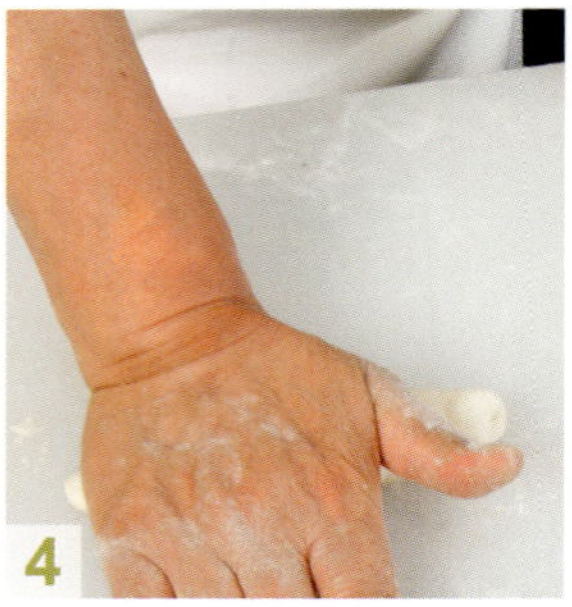

1 手のひらで軽く押さえてガスを抜く。

2 手前から向こう側に1/3折る。

3 向こう側から手前に1/3折り返す。

4 転がして、片側がやや太い棒状に丸める。

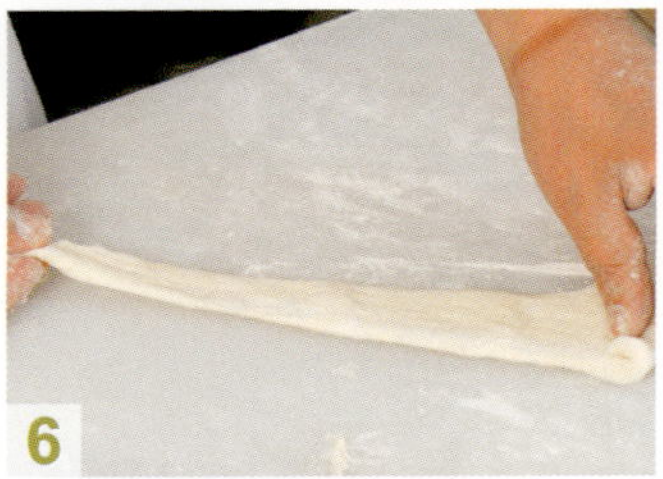

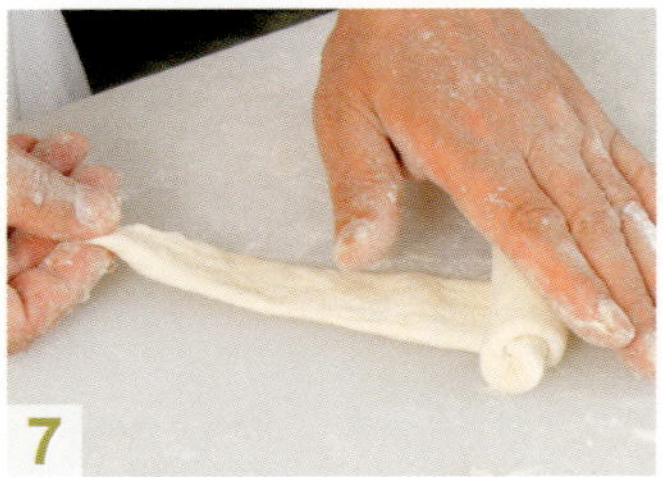

5 細い側を手前にして手で押さえ、麺棒で伸ばして幅の狭い扇形にする。

6〜7 手前を押さえながら向こう側から生地を巻き込む。巻き終わったとじ目を指でしっかりと押さえて留める。

天板に間隔を空けて並べ、温度40〜42℃、湿度75〜80％の発酵器で約2時間最終発酵させる。

ホイロ（最終発酵）

1 最終発酵が終わった生地の表面が乾いたら塗り玉を塗り、そのまま常温で約10分ほど乾かす。

焼　成

1 上火220、下火210℃のオーブンで10〜12分焼成する。

調理パンのバリエーション

ホットドッグパン

基本のバターロールと同じ配合と手順で生地を作り、スティック状に成形して焼き上げます。バターや脱脂粉乳が入った旨味のある生地なので、そのまま食べてもよいくらいです。パンだけでの販売も需要がありますが、地域性や季節感を考慮したお客様のニーズに合った具材を挟んで提供すれば、売上げの好結果につながります。

- ミキシング
- 一次発酵
- パンチ
- ベンチタイム
- 分 割
- 丸 め
- 成 形
- ホイロ（最終発酵）
- 焼 成

基本のバターロール（66ページ）のバリエーションで、同じ生地を使用します。

成 形

1

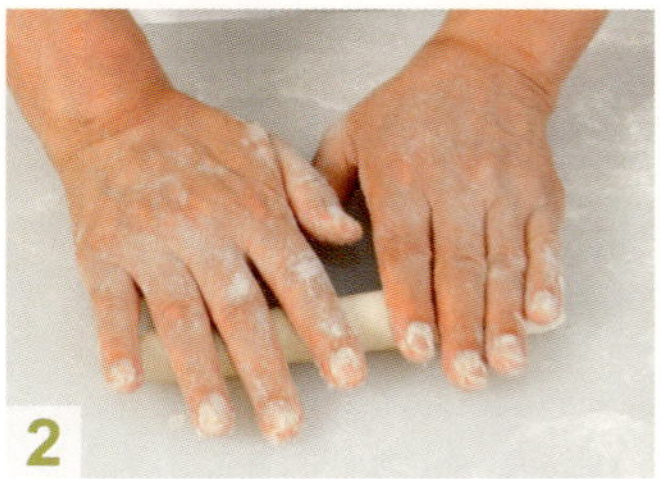

2

3

4

1 基本の生地（バターロール）と同様の配合と工程でベンチタイムが終わった生地を、手早く1個60gに分割する。
指先で生地の手前側を持って向こう側に半分に折り返し、手のひらで包み込むようにして転がして細長くまとめる。

番重に並べて蓋をして常温で約30分休ませたら、手のひらで軽く押さえてガスを抜く。

手前から向こう側に1/3折って、向こう側から手前に1/3折り返す。

2〜3 向こう側から手前に半分に折り、とじ目を手のひらの付け根で押して留める。転がして棒状にまとめる。

4 天板に間隔を空けて並べ、温度40〜42℃、湿度75〜80％の発酵器で約2時間最終発酵させる。
最終発酵が終わった生地の表面が乾いたら塗り玉を塗り、そのまま常温で約10分ほど乾かす。

上火220、下火210℃のオーブンで10〜12分焼成する。

調理パンのバリエーション

バーガーバンズ

ホットドッグパンと同じく、基本のバターロールと同じ配合と手順で生地を作り、丸く成形して焼き上げます。表面には白ゴマをふって香ばしさを加えます。

材料

白ゴマ………………………… 適宜

ミキシング
一次発酵
パンチ
ベンチタイム
分　割
丸　め
成　形
ホイロ（最終発酵）
焼　成

基本のバターロール（66ページ）のバリエーションで、同じ生地を使用します。

成　形

1 基本の生地（バターロール）と同様の配合と工程でベンチタイムが終わった生地を、手早く1個60gに分割する。

指先で生地の手前側を持って向こう側に半分に折り返し、手のひらで包み込むようにして転がして丸める。

番重に並べて蓋をして常温で約30分休ませたら、手のひらで軽く押さえてガスを抜く。

2 両手の指で生地の端を下側に折り込むようにして丸め、表面を下に送るようにしてやさしく丸める。

3 下側の中央に集めた生地を指でつまみ、しっかり閉じる。天板に間隔を空けて並べ、温度40～42℃、湿度75～80％の発酵器で約2時間最終発酵させる。

4 最終発酵が終わった生地の表面が乾いたら塗り玉を塗り、白ゴマを散らしてそのまま常温で約10分ほど乾かす。

上火220、下火210℃のオーブンで10～12分焼成する。

調理パンのバリエーション

カレードーナツ

基本のバターロールと同じ配合と手順で生地を作ります。自家製のカレーをたっぷり包んで揚げるカレードーナツは、他とはひと味違うおいしさが自慢です。揚げるときのポイントは、触らないこと。油に入れたら3分そのまま、ひっくり返して再度3分そのままにしておくのがうまく揚げるコツです。

材料

- 自家製牛肉たっぷりカレー ……適宜（1個につき45g使用）
- 水 …… 400g
- 薄力粉 …… 100g
- パン粉 …… 適宜
- ドーナツ専用オイル …… 適宜

※自家製牛肉たっぷりカレーの作り方は83、122ページを参照してください。

ミキシング
一次発酵
パンチ
ベンチタイム
分　割
丸　め
成　形
ホイロ（最終発酵）
焼　成
揚げる

基本のバターロール（66ページ）のバリエーションで、同じ生地を使用します。

成　形

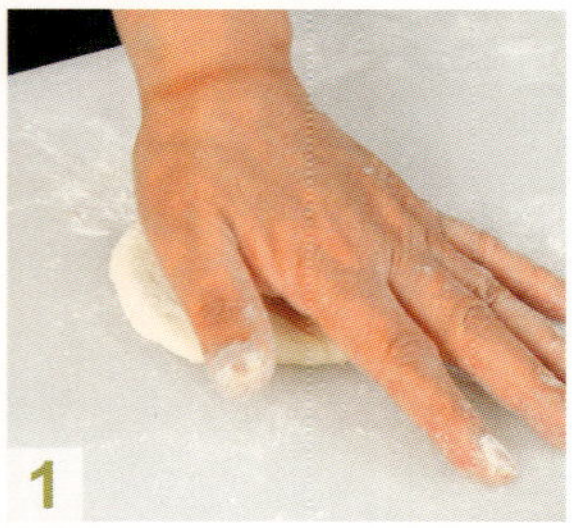

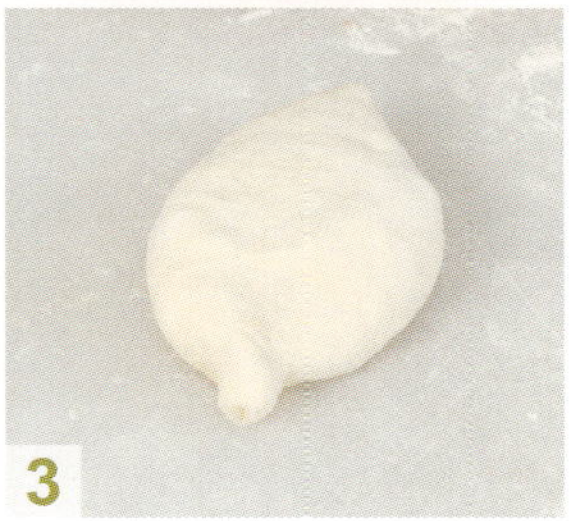

1 基本の生地（バターロール）と同様の配合と工程でベンチタイムが終わった生地を、手早く1個60gに分割する。
指先で生地の手前側を持って向こう側に半分に折り返し、手のひらで包み込むようにして転がして丸める。

番重に並べて蓋をして常温で約30分休ませたら、手のひらで軽く押さえてガスを抜く。

2 カレーを生地の中央にこんもりと盛り、生地をのせた手のひらをくぼませ、へらでカレーを押し込める。両手の指で生地のとじ目を挟んでしっかりと留めて、さらに台の上に置いてとじ目を押さえる。

3 とじ目が中央にくるように上に向けて置き、手のひらで上から押さえて平らにして木の葉形に成形する。

4 水400gに薄力粉100gをよく溶き混ぜ、パンをさっとくぐらせる。

5 パン粉を均一にまぶす。
フライ用の網に並べ、温度40～42℃、湿度65～70%の発酵器で約1時間40分最終発酵させる。

揚げる

1 フライヤーの網にとじ目を下に向けて並べ、180℃のドーナツ専用オイルで3分揚げ、ひっくり返してもう3分揚げる。揚げている間は触らないようにする。
ドーナツ専用オイルは動物性と植物性の油脂を50%ずつ混ぜた製品で、両者の長所を兼ね備え、べたつきもパサつきもせずにちょうどよく揚げることができる。

あんパン

菓子パン用の生地は砂糖がベーカーズパーセントで15%入ります。天然酵母は菌体数が少ないため、砂糖の量が15%を超えると発酵させるのに時間がかかるので、一次発酵の時間は無糖のパン生地や砂糖の量が少ないパン生地よりも30分長く取っています。

オーブンキックのよい生地で縦方向に膨らむため、腰高にならないように成形すると姿よく焼き上がります。

また、生地が上へ伸びるため、フィリングとの間に空洞ができやすいのですが、生地表面に竹串などで2〜3か所穴を空けておくと、そこから蒸気が逃げるため空洞ができにくくなります。

配合

- 中種
  - 強力粉……2kg(50%)
  - 元種……400g(10%)
  - FMP……12g(0.3%)
  - 水……720g(18%)
- 強力粉……2kg(50%)
- 砂糖……600g(15%)
- 食塩……48g(1.2%)
- 脱脂粉乳……80g(2%)
- 乾燥卵……80g(2%)
- モルト液……40g(1%)

- 無塩バター……400g(10%)
- 元種……1kg(25%)
- 水……280g(7%)
- 自家製小倉餡……適宜
  (1個につき50g使用)
- 塗り玉(卵黄1、水2の割合で溶き混ぜ、裏漉ししたもの)……適宜
- 黒ゴマ……適宜

※自家製小倉餡の作り方は82、121ページを参照してください。

［あんパンの作り方］

ミキシング

1 ミキシングボウルに中種を入れ、強力粉を加える。

2 砂糖、食塩、脱脂粉乳、乾燥卵の順に粉類を加え、最後にモルト液を加える。

3 元種を加え、続けて適正温度に調整した水を加える。低速で3分捏ね、全体になじんだら中低速で2分捏ねる。

4 混ざりやすいよう適度な大きさに切ったバターを加え、低速で2分、中速で3分、中高速で2分捏ねる。

5 生地がミキシングボウルの側面にくっつかなくなり、ひとまとまりになったらミキシングは終了する。

6 離型オイルをスプレーした発酵用ケースに入れ、捏ね上げ温度を測る。目標最適温度は30℃である。温度28〜30℃、湿度70%の発酵器で2時間30分発酵させる。

分　割

1 できるだけ生地にふれないようにして、手早く1個50gに分割する。
指先で生地の手前側を持って向こう側に半分に折り返し、手のひらで包み込むようにして転がして丸める。

番重に並べて蓋をして常温で約35〜40分休ませる。

パンチ（ガス抜き）

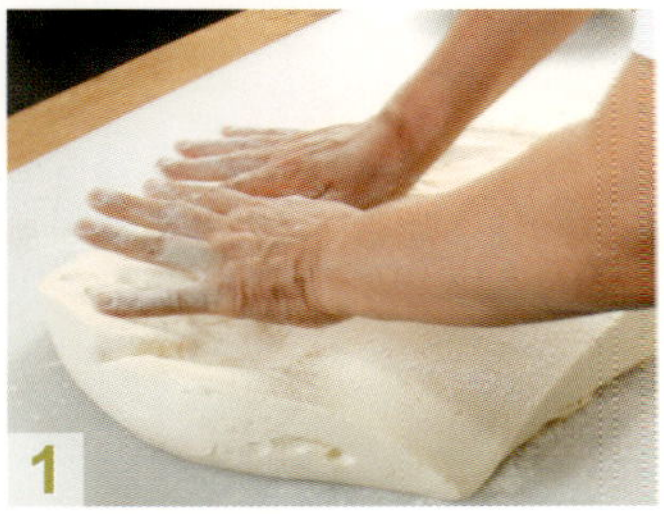

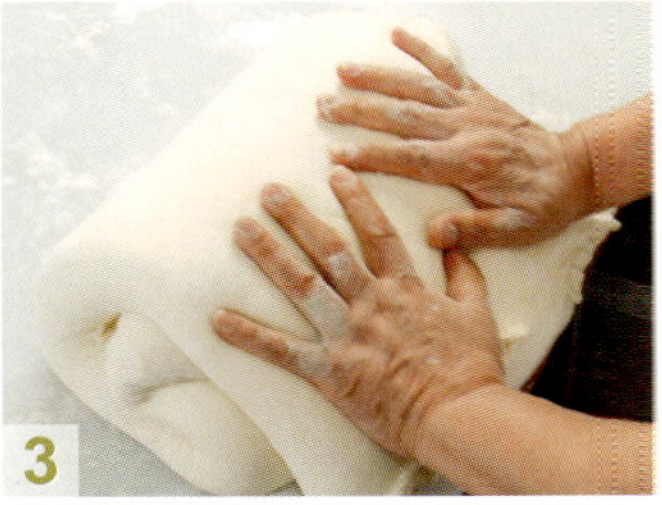

1 生地を打ち粉をふった台に移し、手のひらで軽くやさしく押してガスを抜く。
2 左右1/3ずつ折りたたむ。
3 続けて上下それぞれ1/3ずつ折りたたむ。
ケースに戻し、蓋をして常温で30〜35分休ませる。冬季で室温が低い場合は、温度25℃、湿度70%の発酵器に入れる。

一次発酵

1 一次発酵が終了した生地。発酵前の約2倍に膨らんでいる。

成　形

1 麺棒をかけてガスを抜き、平らにする。

2〜3 生地の中央にあんをこんもりと盛り、生地をのせた手のひらをくぼませ、へらであんを押し込める。

4〜5 生地の端を中央に寄せ集め、つまんでしっかりと留める。

6 天板にとじ目を下にして並べ、竹串で表面に3か所穴を空ける。竹串は生地を通しきってあんに届くまで刺す。

温度40〜42℃、湿度75〜80%の発酵器で2時間30分最終発酵させる。

7 表面に塗り玉を塗る。濡らした麺棒の先に黒ゴマをつけ、パンの表面に押しつけてゴマを移す。

焼　成

1 上火210℃、下火200℃のオーブンで10〜12分焼く。

菓子パンのバリエーション

クリームパン

あんパンと同じ生地に自家製カスタードクリームを包んでいます。オーソドックスなクリームパンですが、天然酵母の生地の旨味と自家製カスタードクリームのなめらかさ、コクがとてもよく合い、シンプルなおいしさを作りだしています。

成　形

1

2

3

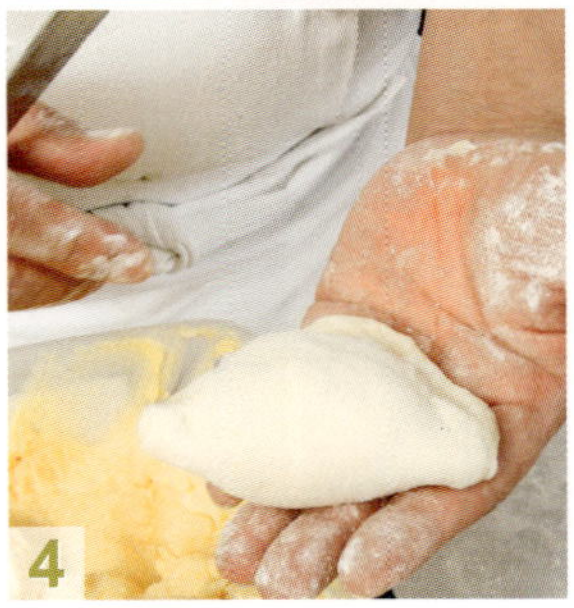
4

1. 基本のあんパンと同様の配合と手順作った生地を麺棒で小判形に伸ばす。中央に1個につき50gのカスタードクリームを詰める。
2. 生地の片側を引っ張りながら、クリームをおおうように折り返す。
3. とじ目を指で挟んでしっかりと留める。
   天板に並べ、温度40～42℃、湿度75～80%の発酵器で2時間30分最終発酵させる。

ホイロ（最終発酵）

1

2

1. 最終発酵が終わり、発酵前の1.5倍ほどに膨らんだ生地。
2. 表面に塗り玉を塗り、上火210℃、下火200℃のオーブンで10～12分焼く。

材　料

- 自家製カスタードクリーム……適宜（1個につき各50g使用）
- 塗り玉（卵黄1に水2の割合で溶き混ぜ、裏漉ししたもの）……適宜

※自家製カスタードクリームの作り方は84、122ページを参照してください。

ミキシング
一次発酵
パンチ
ベンチタイム
分　割
丸　め
成　形
ホイロ（最終発酵）
焼　成

基本のあんパン（72ページ）のバリエーションで、同じ生地を使用します。

うぐいすあんパン

紫イモあんパン

栗あんパン

あんパンと同じ生地を使いますが、単にあんを包むのではなく、渦巻状にして食感と見た目に変化をつけています。一度、あんを生地で包んで麺棒で伸ばし、半分に切って巻くという手間をかけています。表面にふる新挽き粉は、味はほとんどありませんが、ツブツブした食感が面白く感じられます。

材　料

- うぐいすあん、紫イモあん、栗あん ……… 各適宜（1個につき各50g使用）
- 塗り玉（卵黄1に水2の割合で溶き混ぜ、裏漉ししたもの） ……… 適宜
- 新挽き粉 ……… 適宜

※うぐいすあん、紫イモあん、栗あんは既製品を使用。

- ミキシング
- 一次発酵
- パンチ
- ベンチタイム
- 分　割
- 丸　め
- **成　形**
- **ホイロ（最終発酵）**
- **焼　成**

基本のあんパン（72ページ）のバリエーションで、同じ生地を使用します。

成　形

1 あんパンと同様の配合と手順で生地を作り、1個につき50ｇのあんを詰める。

2 両手の指で生地のとじ目を挟んでしっかりと留める。

3 とじ目が中央にくるように下に向けて置き、手のひらで上から押さえて平らにして木の葉形に成形する。

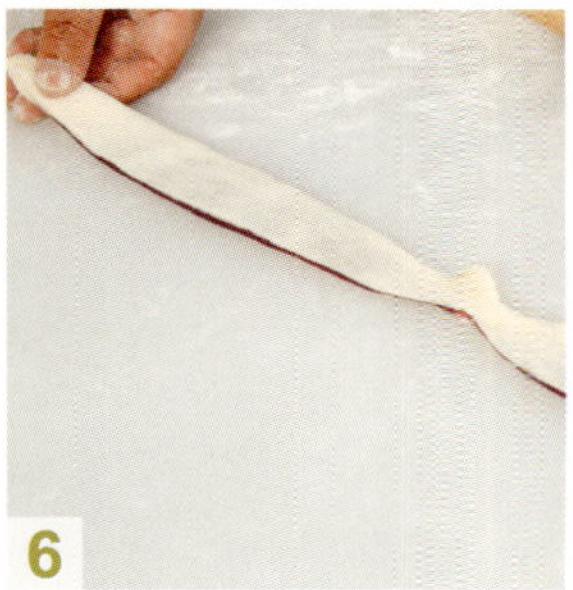

4 麺棒で細長い木の葉形に伸ばす。

5 上部を約3cm残して中央を縦半分に切る。

6 繋がっている部分を中心にして縦長に広げる。

7 生地の端（出来上がると中心になる部分）を指に巻きつけ、生地と生地の間にわずかにすき間を空けながら巻く。巻き終わりを生地の下側に回して留める。

8 離型オイルをスプレーした形に詰め、天板に並べる。

ホイロ（最終発酵）

1 温度40～42℃、湿度75～80％の発酵器で2時間30分最終発酵させて、表面に塗り玉を塗る。

2 新挽き粉をふり、上火210℃、下火200℃のオーブンで10～12分焼く。

新挽き粉は、もち米を水につけて蒸し、乾燥させて細かく搗き、色をつけないまま煎ったもの。ほとんど味も香りもなく、ゴマや粉糖とはひと味違う飾りになる。

抹茶メロンパン

球形にした基本の菓子パン生地にビスキュイ生地をかぶせ、表面にグラニュー糖をまぶして焼き上げます。ビスキュイ生地は、作ったら冷蔵庫で一晩寝かせると、全体になじんで粉っぽさがなくなり、同時に扱いやすくなります。薄力粉と抹茶はダマになりやすいため、前もってふるっておくのがポイントです。

材　料

●ビスキュイ生地

薄力粉	1kg
抹茶	20 g
バター	250 g
砂糖	600 g
全卵	350 g

※薄力粉と抹茶は、あらかじめ合わせてふるっておきます。

●グラニュー糖 …… 適宜

- ビスキュイ生地作り
- ミキシング
- 一次発酵
- パンチ
- ベンチタイム
- 分　割
- 丸　め
- 成　形
- ホイロ（最終発酵）
- 焼　成

基本のあんパン（72ページ）のバリエーションで、同じ生地を使用します。

ビスキュイ生地作り

1 バターを手でほぐして柔らかくする。
2 砂糖を加えてすり混ぜる。
3 卵を2～3回に分けて加えながら混ぜ合わせ、しっかりと乳化させる。

4 合わせてふるった薄力粉と抹茶を加える。
5 むらなく混ぜ合わせる。乾燥しないようにビニールでぴっちりと包み、冷蔵庫で一晩休ませる。

成　形

1 休ませた生地をもみほぐして使いやすい硬さに戻す。

2 1個につき40gに分割する。

3 丸めたら平らに伸ばす。

4 あんパンと同様の配合、工程で1個50gに分割して丸めた生地を、とじ目を上に向けてビスキュイ生地の上にのせる。

5 指で押しつけて揉み込むようにして接着する。

6 ひっくり返して、ビスキュイ生地を下に向けながら包み込む。

7 手でくるむようにして丸く成形する。

8 発酵、焼成するとパン生地は膨らみ、ビスキュイ生地は膨らまないので底面まで包み込まずに、少しパン生地を残すようにする。

9 表面に霧を吹く。

10 逆さまに持ってグラニュー糖に押しつけて、表面に均一につける。

11 天板に並べ、スケッパーで軽く切り込んで模様をつける。

グラニュー糖が溶けない程度の温度と湿度で最終発酵させる。発酵器を使う場合は温度38℃、湿度50％で2時間程度、発酵器を使わずにオーブンの上などに置いた場合は2時間30分が目安となる。

上火210℃、下火200℃のオーブンで10～12分焼く。

菓子パンのバリエーション

紅茶メロンパン

抹茶メロンパンと同様の手順で作りますが、紅茶の茶葉を刻んで加えるのが特徴です。発酵時と焼成時にパン生地は膨らみますが、ビスキュイ生地は膨らまないため、成形するときにはパン生地を全部包み込まずに、底面を少し残すようにすることが大切です。

材料

- ビスキュイ生地
  - 牛乳 …… 400g
  - アールグレイ茶葉 …… 20g
  - バター …… 250g
  - 砂糖 …… 600g
  - 全卵 …… 350g
  - 薄力粉 …… 1kg
  - ベーキングパウダー …… 5g

※牛乳にアールグレイ茶葉を入れて沸かし、色と香りが十分に出たら火を止めて、そのまま冷ましておきます。

※薄力粉とベーキングパウダーはあらかじめ合わせてふるっておきます。

- グラニュー糖 …… 適宜

ビスキュイ生地作り
ミキシング
一次発酵
パンチ
ベンチタイム
分　割
丸　め
成　形
ホイロ（最終発酵）
焼　成

基本のあんパン（72ページ）のバリエーションで、同じ生地を使用します。

成　形

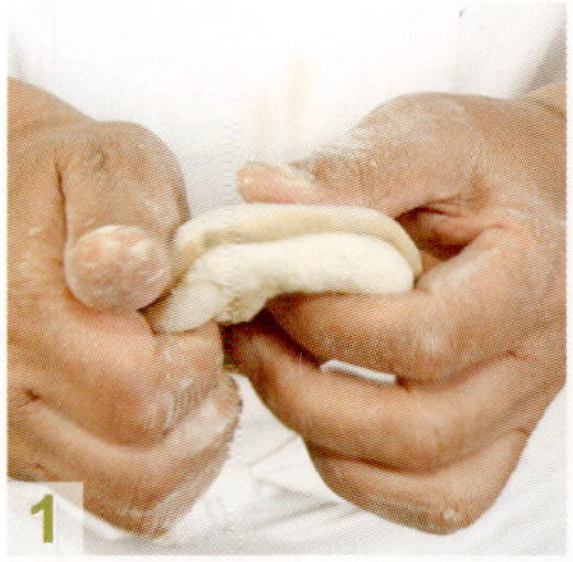
1

2

1 抹茶メロンパンと同様に、休ませた生地をもみほぐして使いやすい硬さに戻す。

1個につき40gに分割し、丸めたら平らに伸ばす。

50gに分割して丸めた菓子パン用生地を、とじ目を上に向けてビスキュイ生地の上にのせる。指で押しつけて揉み込むようにして接着する。

ひっくり返して、ビスキュイ生地を下に向けながら包み込む。

手でくるむようにして丸く成形し、底面は少しパン生地を残すようにする。

2 表面に霧を吹き、逆さまに持ってグラニュー糖に押しつけて、表面に均一につける。

天板に並べ、グラニュー糖が溶けない程度の温度と湿度で最終発酵させる。発酵器を使う場合は温度38℃、湿度50％で2時間程度、発酵器を使わずにオーブンの上などに置いた場合は2時間30分が目安となる。

上火210℃、下火200℃のオーブンで10～12分焼く。

ビスキュイ生地作り

1

2

3

4

1 バターを手でほぐして柔らかくして砂糖を加えてすり混ぜ、卵を2～3回に分けて加えながら混ぜ合わせ、しっかりと乳化させる。

2 合わせてふるった薄力粉とベーキングパウダーを加え、さらに冷ました紅茶入り牛乳の水分だけを加える。

3 残った茶葉の1/2量をみじん切りにして加える。

4 むらなく混ぜ合わせ、乾燥しないようにビニールでぴっちりと包み、冷蔵庫で一晩休ませる。

提案

自店調理を強みに——便利機器で差別化を

生地にあんやカスタードクリームなどのフィリングを詰めて焼いた菓子パン、カレーを詰めて揚げたカレードーナツをはじめとする調理パンは、常にパン店の人気アイテムであり、売上げの大きな割合を占めています。現在は、多種のあんやクリーム、カレーまで既製品があり、効率的に利用する店も少なくないようです。

しかし、そうすると、どこかで食べたような味、ありふれた味になりやすく、お客様に飽きられやすくなります。私は「手作り」の「天然酵母パン」であるということを大切にしているため、できるだけ既製のものを使わず自店調理をお勧めします。手間はかかりますが、それだけにおいしく、他店との差異を演出できます。

そうはいっても、小倉餡5kgをすべて手作業で作るとなると半日仕事になってしまい、しかも焦がさないようにつきっきりで混ぜながら炊かなくてはいけません。カスタードクリーム、カレーも同様で、そのための人手が必要になります。

そこで、設定をするだけで自動的にあんやクリームを製造する便利な機器を活用すれば、手間、時間、人件費が削除でき、オリジナルのフィリングを作りながら、浮いた時間や人手をパンの製造にまわすことが可能です。

そこで私は指導店に、多機能な業務用のパン店専用調理機器の導入をご提案しています。パンの仕込みをしながら、自家製のあんやカスタードクリームが炊けるだけでなく、カレーの煮込み、チョコレートのテンパリングなどもでき、パン作りに重宝する機器です。ここでは、下の写真の機器を使ったフィリングの作り方を紹介します。

なお、文中の火力15、10、撹拌3などの数字は、使用する機器独自の火力と機器に装着した羽根の回転や撹拌する強さを表しています。機器に添付される取扱説明書やレシピを参照してください。

カスタードクリームや小倉餡、カレーなどを多彩に作れる機器「カスタードクッカー」(中井機械工業㈱製)。

小倉餡の作り方

小倉餡の作り方

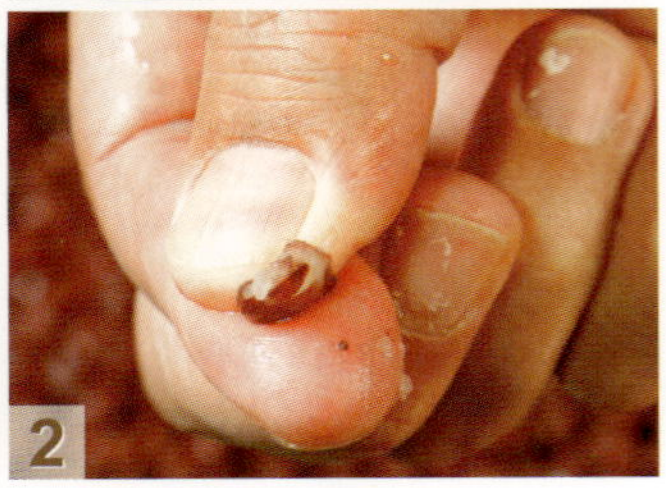

1 専用のかごに小豆を入れ、小豆の上2cmまで水（分量外）を加えて火力100で加熱し、沸騰したら火力30に下げて静かに25分炊く。

かごを引き上げて茹で汁を捨てる。新しい水（分量外）を小豆の上2cmまで加え、再度火力100で加熱し、沸騰したら火力30に落として25分加熱し、火を止めてそのまま30分置いて蒸らす。このときの茹で汁を使用する。

2 かごを引き上げる。下茹での最適な状態は、生の豆の2.6倍に膨らんでいるとよく、それ以下だと硬く、それ以上だと砂糖と一緒に煮たときに割れてしまう。指で軽く潰すと皮がはじけるくらいが目安になる。

3 茹で上がった小豆を計量し、その30％量の茹で汁と、同じく30％量の水を容器に注ぐ。

4 グラニュー糖を加える。機器に羽根をセットしてゆっくりと混ぜながら沸騰させて蜜状にする。

5 汁が沸騰したら小豆を加え、つぶさないようにゆっくりと混ぜながら約30分煮る。煮ているうちに小豆から水分が出てきて、全体によく混ざるようになる。

6 煮上がる5分前、糖度がブリックス51度になったところで塩を加える。和菓子はほとんどの場合塩を加えないが、パンの場合は生地に負けない味をつけるため塩を加えて味を引き締める。

7 ブリックス51度～53度になったら、アルコール消毒をした番重またはステンレスバットに移し、すぐにラップ紙をぴっちりと密着させて常温で冷ます。粗熱が取れたら冷蔵し、夏で3日以内、冬で5日以内で使い切るようにする。

配　合
（出来上がり5kg）

- 小豆 ………… 2kg
- 小豆を最後に茹でた汁、水 ………… それぞれ下茹でした小豆の30％量
- グラニュー糖 ………… 2400g（小豆の120％）
- 食塩 ………… 4g（小豆の0.2％）

※グラニュー糖の量は小倉餡の糖度がブリックス53度になるために必要な量です。

※小豆は使う前に水洗いして汚れや異物を除去しておきます。

カレードーナツ用 牛肉たっぷりカレーの作り方

カレーの作り方

1 2cm角に切った牛肉と牛スジ肉をボウルに入れ、5種類のスパイスと食塩を加えてよく揉み込む。

2 赤ワインを加え、再度よく揉み込んだらラップ紙をかぶせておく。

3 にんじんはいちょう切り、玉ねぎは薄切りにして、サラダ油を熱した鍋に入れ、火力100で約25分手動で炒める。

4 機器に羽根を装着し、自動で混ぜながら炒める。

5 玉ねぎが飴色になったらバットに移す。

6 機器から羽根をはずす。鍋にサラダ油を熱し、下味をつけた肉を色が変わるまで手動で炒める。目安は、火力100で約25分程度。

7 炒めた野菜と水を加え、機器に羽根を装着し、火力を100にして自動で攪拌しながら煮る。アクが浮いてきたら丁寧にすくう。

水分を多くしてじっくり煮込むと味がよく出るため、水分を多く配合し、途中で煮詰まったら適宜(約1kg単位)足しながら煮る。

8 火力100で約20分煮たところでホールトマトを加え、攪拌速度2～3で30～40分煮込む。

9 カレールウを加える。続けてウスターソース、酢を加えてさらに煮込む。

酢を加えることでカビが生えにくくなり、日持ちがする。この配合は酢の味を感じるほどの量ではないが、どうしても気になる場合は酢酸を利用する。

10 全体に味がしみわたって適度なとろみがついたら、火力を20～30にして攪拌速度2～3のままで、パン粉を加えて混ぜる。むらなく混ぜ合わせ、パン生地に包みやすい硬さに調整する。

出来上がったらアルコール消毒をしたボウルまたはバットに移し、すぐにラップ紙をぴっちりと密着させて常温で冷ます。粗熱が取れたら冷蔵し、5日以内で使い切るようにする。

配　合(出来上がり約5.5kg)

- 牛肉 …… 2kg
- 牛スジ肉 …… 250g
- スパイス
  - ブラックペッパー、ホワイトペッパー …… 各2g
  - カレー粉 …… 13g
  - ナツメグ …… 4g
  - ガーリックパウダー …… 10g
- 食塩 …… 13g
- 赤ワイン …… 100g
- にんじん …… 800g
- 玉ねぎ …… 2kg
- サラダ油 …… 適宜
- 水 …… 3kg(プラス適宜)
- ホールトマト(缶詰) …… 800g
- カレールウ(中辛、市販品) …… 700g
- ウスターソース …… 20g
- 酢 …… 10g
- パン粉(ドライ) …… 83g

※ホールトマトはあらかじめ潰しておきます。

カスタードクリームの作り方

カスタードクリームの作り方

1 バニラビーンズのさやをペティナイフで縦に切り開き、中の種をこそぎ取る。

2 牛乳にこそぎ取ったバニラの種とさやを加える。

3 カスタードクッカーの鍋に牛乳を入れ、グラニュー糖の1/2量を加える。

4 機器に羽根をセットし、混ぜながら90℃まで加熱する。

5 卵黄にグラニュー糖の残り1/2量を加え、泡立て器ですり混ぜる。

6 薄力粉とコーンスターチを加え、泡立て器で粉気がなくなるまで混ぜる。

7~8 温めた牛乳を加える。裏漉しながら鍋に移す。

9 機器にホイッパーを2台装着し、火力100、回転30で混ぜながら加熱し、83℃にする。カスタードクリームが固まってきたらホイッパーを逆回転にセットし、火力100、回転40で攪拌する。速いスピードで攪拌することでなめらかなクリームに仕上がる。

10 85℃になったら火力を切り、無塩バターを加えて混ぜる。

11 バターがむらなく溶けてもったりとしたら出来上がり。アルコール消毒をしたブラストチラー専用のバットに移し、ラップ紙をぴっちりとかけてブラストチラーで急速冷凍する。出来上がってから熱が取れるまでの時間帯がもっとも雑菌が繁殖しやすい温度帯なので、1秒でも早く冷ますために、ショックフリーザーかできればブラストチラーを利用して熱を取る。

※ブラストチラーはショックフリーザーよりも速く食品を急速冷却する機器。

12 急速冷凍で冷ました状態。泡立て器でほぐして全体になめらかなつやが出た状態にして使用する。

配　合
（出来上がり5kg）

- バニラビーンズ……1本
- 牛乳……3kg
- 卵黄……600g
- グラニュー糖……500g
- 薄力粉……150g
- コーンスターチ……150g
- 無塩バター……150g

※薄力粉とコーンスターチはあらかじめ合わせてふるっておきます。

天然酵母パンの作り方

バラエティー編

天然酵母

トマトブレッドの作り方

トマトの酸味と旨味をしっかりもつ生地はもっちりした食感で、チーズとの相性も秀逸。

天然酵母発酵により、さらに深い味わいとなります。

トマトブレッド

生地にはトマトの旨味が堪能できるように、フリーズドライで粉末化したトマトパウダーとドライトマトのオイル漬けを練り込み、砂糖や卵、油脂も配合して食べ応えのある仕上がりにしています。

トマトジュースを使う方法もありますが、水分が多いと生地がべたべたになりやすいため、小麦粉に混ぜやすく配合の計算もしやすいトマトパウダーが便利です。生地に混ぜるものが多い場合は、発酵が弱いのでパンチをしない点が特徴です。

本書では、やや大きめのラグビーボール形と小さめの球形に成形し、形とクープの入れ方の違いでバリエーションを増やします。

配合

- 中種
  - 強力粉……2100g（70%）
  - 元種……150g（5%）
  - FMP……9g（0.3%）
  - 水……1050g（35%）
- 強力粉……900g（30%）
- 砂糖……180g（6%）
- 食塩……60g（2%）
- 脱脂粉乳……90g（3%）
- 乾燥卵……60g（2%）
- トマトパウダー……150g（5%）
- 無添加マーガリン……300g（10%）
- 元種……600g（20%）
- 水……90g（3%）
- オイル漬けのドライトマト（オイルを絞った状態）……600g（20%）
- クリームチーズ……1400g
- 打ち粉（ライ麦粉）……適宜

［トマトブレッドの作り方］

ミキシング

1 ミキシングボウルに中種を入れて強力粉を加え、続けて砂糖、食塩、脱脂粉乳、乾燥卵の順に加える。

2 粉類の最後にトマトパウダーを加える。

3 粉類をすべて加え終わってから元種を加える。

続けて適正温度に調整した水を加え、低速で3分、中低速で2分捏ねる。

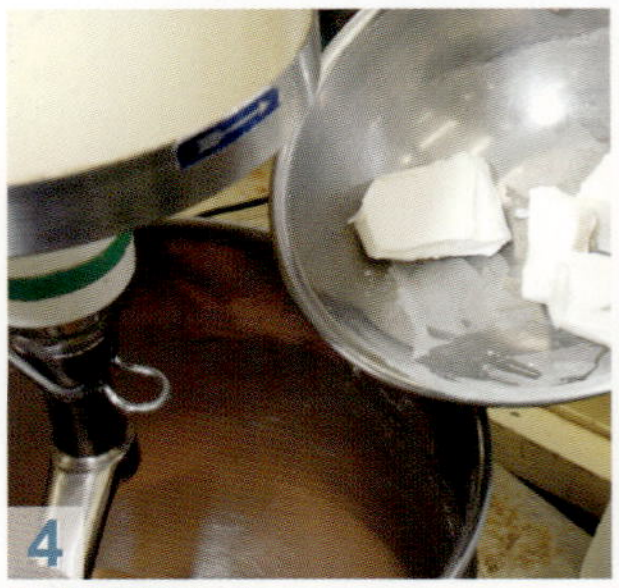

4 適当な大きさのさいの目に切ったマーガリンを加える。

5 締まった生地が少しとろんとして、両手で伸ばすと破れずに伸びる状態まで捏ねる。目安は低速で2分中速で3分。

6 オイル分を絞り、3㎝角に刻んだドライトマトを加え、低速で2分中速で1分捏ねる。

7 生地を離型オイルをスプレーしたケースに移し、捏ね上げ温度を測る。理想とする目標温度は30℃。

ケースのふたを閉めて、温度28℃、湿度70%の発酵器で2時間一次発酵させる。

一次発酵

1 一次発酵が終了し、発酵前の約2倍に膨らんだ生地。

分　割

1 この生地のように混ぜ物の分量が多い生地は、パンチはせずにすぐに分割する。

150gの玉を21個、80gの玉を35個作る。150gの玉はラグビーボール形に、80gの玉は球形に成形する。

丸　め

1 軽くやさしく押さえてガスを抜き、手のひらで包み込むようにして転がして丸める。

ベンチタイム

1 番重に並べて蓋を閉め、常温で35〜40分休ませる。

天然酵母 トマトブレッドの作り方

焼　成

1 上火220℃、下火210℃のオーブンで16〜18分焼く。

クープ入れ

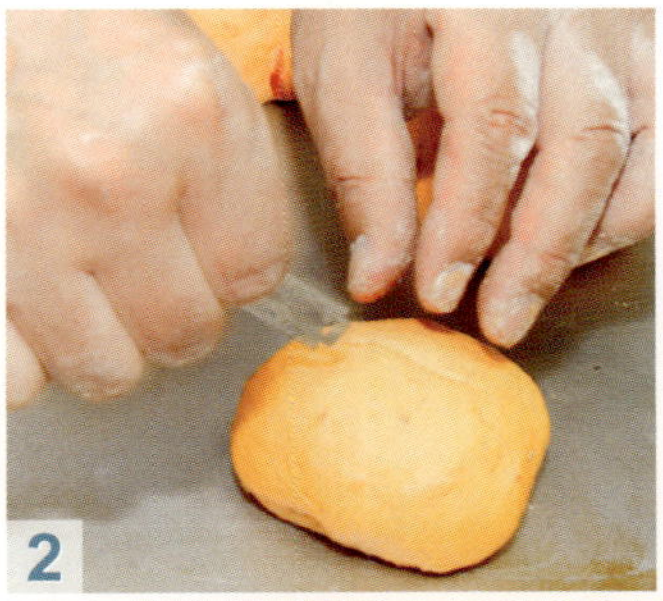

1 ラグビーボール形の生地を取り板でスリップベルトに移して取り出したら、クープナイフでクープを3本入れる。

2 球形の生地の半数にクープナイフでクープを2本入れる。

3 残り半数の球形の生地の表面中央に、はさみで十文字に切り込みを入れ、変化をつける。

4 すべての生地の表面に霧を吹き、ライ麦粉を薄くふる。

成　形

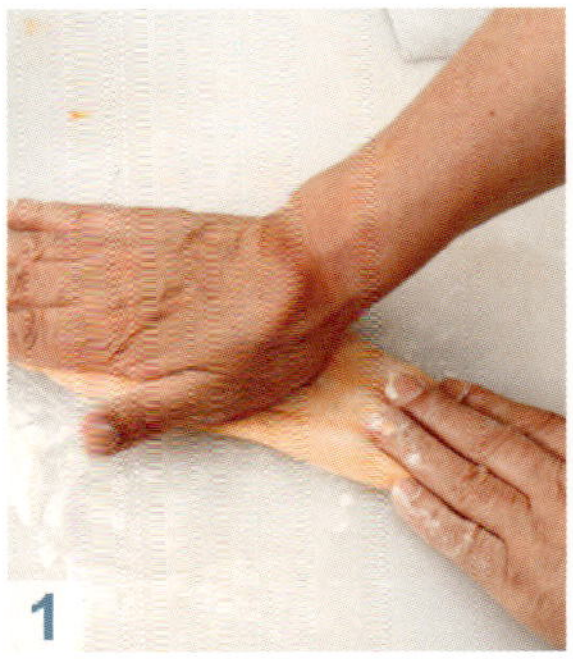

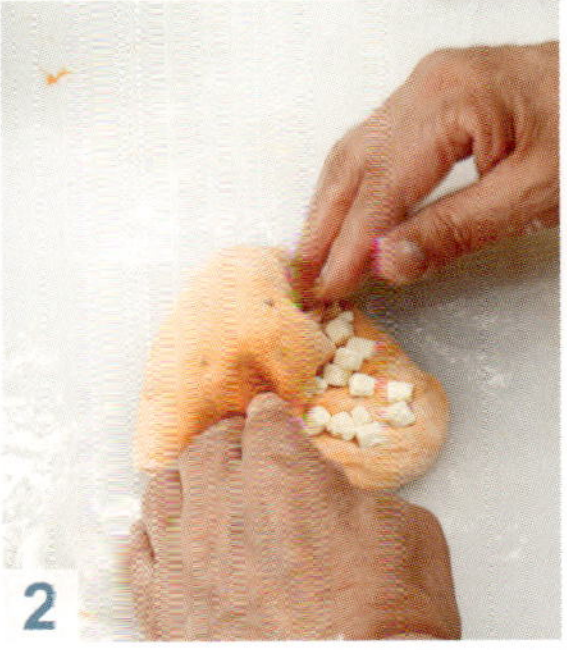

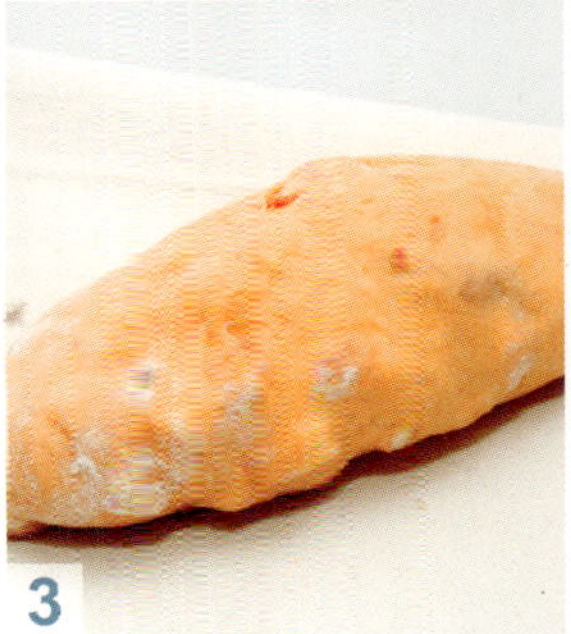

1 150gに分割した生地を楕円形に伸ばす。

2 チーズ50gを均等に散らし、二つ折りにする。

3 とじ目をしっかり留めてラグビーボール形に成形し、布を敷いた板にとじ目を下に向けて、ひだで挟むようにして生地を並べる。

温度40〜42℃、湿度70%の発酵室で2時間最終発酵させる。

4 80gに分割した生地にチーズ10gを詰める。

5 とじ目をしっかり留めて球形に丸め、植物油を薄く引いた天板にとじ目を下に向けて並べる。

ラグビーボール形と同様に最終発酵させる。

ホイロ（最終発酵）

1 最終発酵が終わり、発酵前の約2.5倍に膨らんだ生地を発酵器から取り出す。

天然酵母

ライ麦パンの作り方

ライ麦独特の風味ともっちりとした食べ応えが魅力の天然酵母パンです。

ライ麦パン

ライ麦は小麦の栽培に適さない気候や土壌や土地でも育つため、北欧、ロシア、ドイツ、スイスの山岳地帯で広く栽培され、各地に独特のライ麦パンが存在します。

フランス語ではセーグルといい、南ドイツからアルザス経由でフランスに伝わり、今ではパン・ド・セーグルは食事パンの定番の一つになっています。

ライ麦には弾力性をつくるグルテニンが欠けているため、水と捏ねても粘つくだけで、ガスを包み込む膜ができません。そこで小麦粉に2〜3割、多い場合は5割近く混ぜて、ライ麦特有の風味や食感を持たせています。

配合

- 中種
  - 強力粉 2100g（70%）
  - 元種 150g（5%）
  - FMP 9g（0.3%）
  - 水 1050g（35%）
- ライ麦粉 900g（30%）
- 強力粉 150g（5%）
- 砂糖 180g（6%）
- 食塩 60g（2%）
- 脱脂粉乳 90g（3%）
- 元種 660g（22%）
- 無添加ショートニング 300g（10%）
- ライ麦粉 適宜

［ライ麦パンの作り方］

ミキシング

POINT

混ぜやすいように適当な大きさに切ったショートニングを加え、低速で2分、中速で3分捏ねる。
バターやマーガリンは生地を柔らかくする働きがあるため糖分の多いパンに使い、糖分の少ないハード系のパンには製パン性を高めるショートニングというように使い分ける。

1

2

3

4

1 ミキシングボウルに中種を入れてライ麦粉200gを加え、続けて強力粉、砂糖、食塩、脱脂粉乳、の順に加える。

2 元種を加える。

3 低速で2分、中低速で2分捏ねる。

4 生地を離型オイルをスプレーしたケースに移し、捏ね上げ温度を測る。理想とする目標温度は30℃。ケースのふたを閉めて、温度25℃、湿度70％の発酵器で1時間一次発酵させる。

一次発酵

1

1 一次発酵が終了し、発酵前の約2倍に膨らんだ生地。

丸め

1

2

1 パンチをしない方が膨らみがよいので、すぐに600 g に分割する。生地を左右1/3ずつ折り返す。

2 さらに上下1/3ずつ折り返す。

ベンチタイム

1

1 番重に並べて蓋を閉め、常温で35〜40分休ませる。

成形

1

2

3

4

1 休ませた生地を左右に広げる。

2 左右から中央に向かって折りたたむ。

3 1/3の生地は、向こう側から手前に向けて折り返して二つ折りにし、とじ目を手のひらの付け根で押して閉じる。表面を張らせるようにして太目の棒状に成形する。

4 発酵かごに均一にライ麦粉をふる。生地のとじ目を上に向けて入れる。

5

6

7

5 残り2/3の生地は、上下、左右の順に1/3ずつ折り返す。

6 下から上に引き上げるように中央に集め、球形に丸め、中央のとじ目をしっかりと留める。

7 均一にライ麦粉をふったかごに、とじ目を上に向けて入れる。

温度35〜36℃、湿度65〜70%の発酵器で1時間10分最終発酵させる。

ホイロ（最終発酵）

1 最終発酵が済んだ生地を、とじ目を下に向けてスリップベルトに移す。

クープ入れ

1 クープナイフでクープを入れる。

焼　成

1 スリップベルトからオーブンに移す。
2 上火230℃、下火220℃のオーブンで、生地を入れる前後に多めのスチームをかけながら35～40分焼く。

フルーツライ麦パン

ライ麦パン生地にクルミとレーズンを加えます。クルミは生を使う直前にオーブンでローストして香ばしさを引き出します。レーズンは洗って一晩置くと、パン生地の水分を吸うことがないので、パンの老化が遅くなる効果があります。

ここでは生地で700 gのフルート型と、370 gの紡錘型に成形したバリエーションを解説します。

材料

クルミ（生）………… 600g（20%）
レーズン（洗う前の状態で）
………………………… 2400g（80%）

- 下準備
- ミキシング
- 一次発酵
- 分割
- 丸め
- ベンチタイム
- 成形
- ホイロ（最終発酵）
- クープ入れ
- 焼成

ライ麦パン（91ページ）と同じ配合、手順の生地にクルミとレーズンを加えています。

下準備

1 レーズンを流水でよく洗い、水気を切ってそのまま一晩寝かせる。汚れやゴミを取り除くためもあるが、水分を吸わせることで、生地の水分を吸わせないようにする働きもある。

ミキシング

POINT

基本のライ麦パンと同様の配合、手順で生地を作る。この生地の中から、外皮用に使う生地分1370 gを別に取り置く。
皮で包まないと、火が入りすぎて苦くなってしまうため、皮用の生地で包んで焼成する。

1 本体用生地に、オーブンできつね色にローストしたクルミとあらかじめ洗っておいたレーズンを生地に加える。
2 低速で2分捏ねる。全体に混ざればよい。

天然酵母 ライ麦パンの作り方

一次発酵

1 クルミとレーズンを混ぜた本体用生地と外皮用の生地を、それぞれ離型オイルをスプレーしたケースに移し、捏ね上げ温度を測る。目標温度は30℃。

ケースのふたを閉めて、温度25℃、湿度70％の発酵器で1時間一次発酵させる。

分割

1 一次発酵が終わった本体用生地は、すぐに600g6個、300g11個に分割する。

丸め

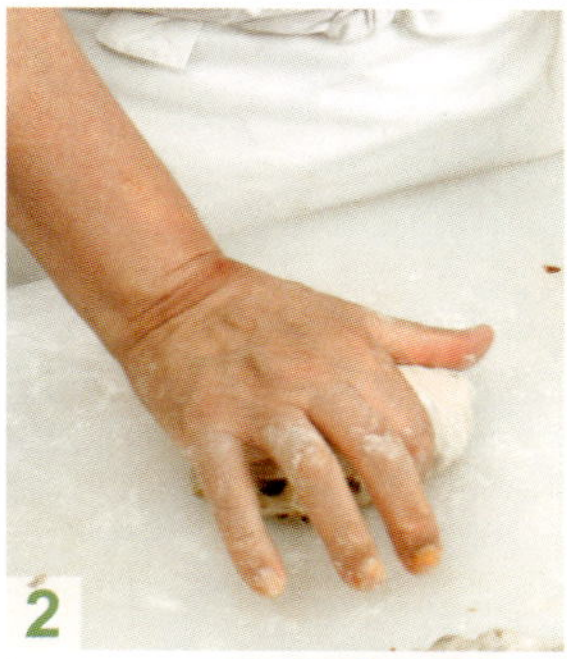

1 左右1/3ずつ、続けて上下1/3ずつ折り返す。

2 生地を手前から向こう側に半分に折り、90度回転させて同じように半分に折り、生地を回転させながら丸める。

3 体用生地の数に合わせて、100g6個、70g11個に分割し、本体用生地と同様に丸める。

本体用生地、外皮用生地それぞれに番重に並べて蓋をして常温で25～30分休ませる。

成形

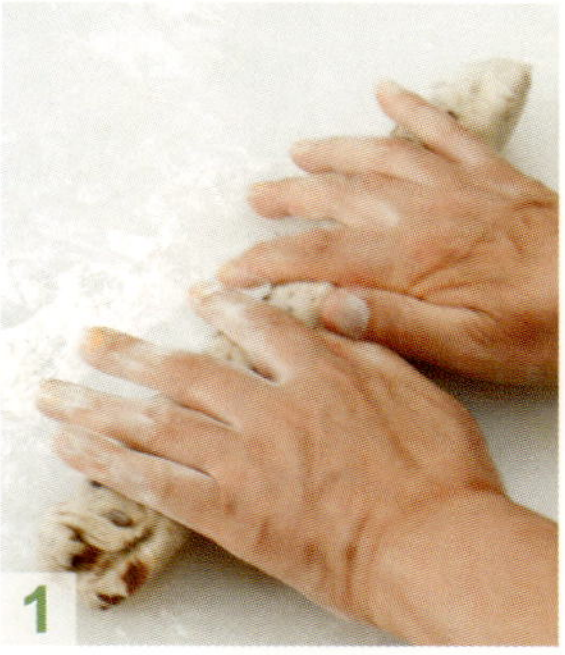

1 本体用生地の大（600g）を台に移し、ごく軽く手のひらで押さえてガスを抜く。向こう側から手前に向けて1/3折り返し、手のひらの付け根で端を押さえて留める。180度向きを変え、同じように向こう側から1/3を折り返し、さらに向こう側から手前に向けて半分に折り、生地のとじ目をしっかりと留める。上から手のひらで軽く押さえながら転がしてフルート形に成形する。

2 外皮用の生地を麺棒で伸ばす。

3 外皮用生地（100g）で本体用生地を包み、とじ目をしっかりと留める。

4 本体用生地の小（300g）を台に移し、ごく軽く手のひらで押さえてガスを抜く。向こう側から手前に向けて1/3折り返し、指で端を押さえて留める。左右の上側角を内側に折り込み、向こう側から手前に向けて半分に折り、手のひらの付け根で押さえて生地のとじ目をしっかりと留める。上から手のひらで軽く押さえながら転がして細長い紡錘形にする。

5 麺棒で伸ばした外皮用生地（70g）で本体用生地を包み、とじ目をしっかりと留める。

ホイロ（最終発酵）

1 フルート型、紡錘型ともに天板に並べ、温度35～36℃、湿度65～70％の発酵器で1時間10分最終発酵させる。

クープ入れ

1 クープナイフでクープを入れる。

2 表面に霧を吹き、ライ麦粉を薄くふる。

焼　成

1 生地を入れる前後に多めのスチームをかけながら、フルート型、紡錘型ともに上火230℃、下火220℃のオーブンで、35～40分焼く。

天然酵母

リュスティックの作り方

クラストはパリっと歯切れよく、クラムはもちもちした食感。
シンプルなおいしさが堪能できるフランスパンです。

リュスティック

フランス語で「野趣的な」という意味を持つフランスパンの一種リュスティックは、生地の水分量が多いため、ベタついて成形するのが難しいパンです。そのため、一次発酵させた生地を丸めたりも、成形したりもせずに切り分け、最終発酵させて焼き上げます。

クラストはとても香ばしく、クラムはしっとりとして天然酵母や小麦粉の自然な旨味を感じさせます。

バゲットと同様に、水和の促進、吸水の増加、パンのボリューム拡大のために、ミキシングの後半で塩を追加する後塩法を使います。油脂は歯切れと口当たりがよくなるショートニングを加えています。

配　合

- 中種
  - 強力粉……2100g（70%）
  - 元種……150g（5%）
  - FMP……9g（0.3%）
  - 水……1050g（35%）
- 強力粉……900g（30%）
- 脱脂粉乳……60g（2%）
- モルト液……30g（1%）
- 元種……600g（20%）
- 水……60g（2%）
- 食塩……60g（2%）
- 無添加ショートニング……90g（3%）

［リュスティックの作り方］

ミキシング

1 ミキシングボウルに中種を入れ、強力粉、脱脂粉乳、モルト液の順に加える。続けて元種と水を加える。

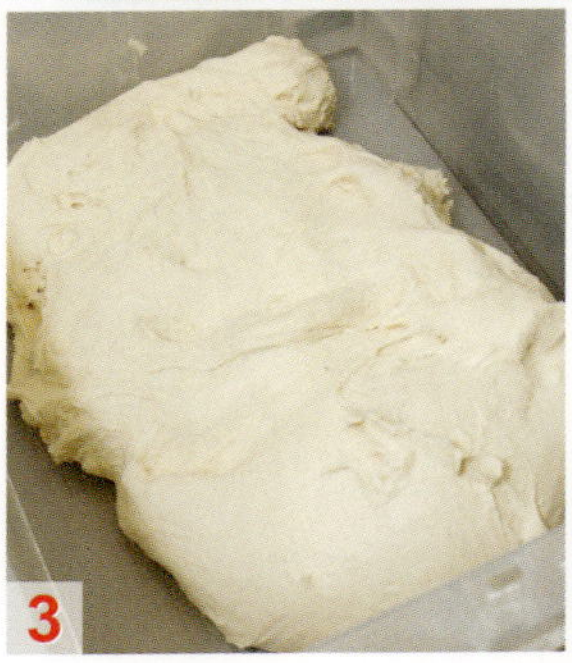

2 混ぜやすいように適度な大きさに切ったショートニングを加え、中速で2分捏ねる。

3 生地を離型オイルをスプレーしたケースに移し、捏ね上げ温度を測る。理想とする目標温度は30℃。ケースのふたを閉めて、温度25～30℃、湿度70%の発酵器で2時間一次発酵させる。

POINT

低速で2分、中低速で1分捏ねて全体がなじんでから塩を加え、低速で2分捏ねる。

天然酵母

リュスティックの作り方

クープ入れ

1

1 スリップベルトに移し、クープナイフでクープを入れる。
上火220℃、下火210℃のオーブンで、生地を入れる前後に多めのスチームをかけながら18～20分焼く。

ホイロ（最終発酵）

1

1 取り置き台に布を広げ、生地を並べる。
温度40～42℃、湿度70%の発酵器で1時間30分最終発酵させる。

切り分け

1

2

1 休ませた生地を麺棒で1.5cm厚に伸ばす。
2 生地の四隅を切り落とし、1個115gの長方形に切る。できるだけ生地にさわらないように手早く行う。

パンチ（ガス抜き）

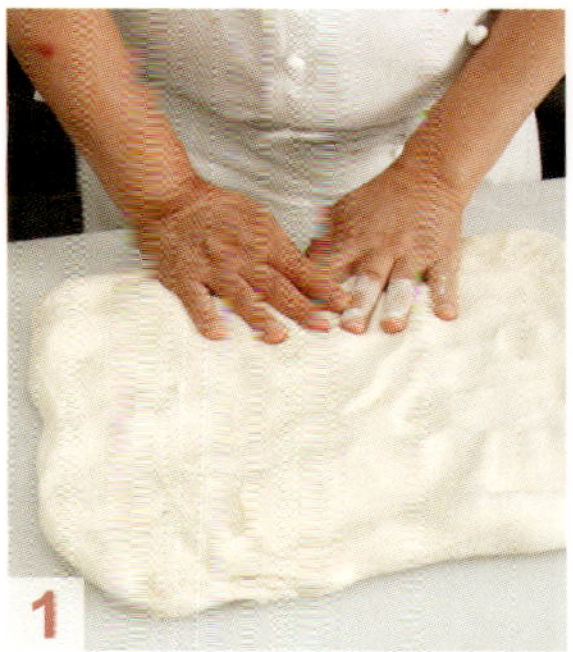
1

1 一次発酵が終了した生地を3等分にして、それぞれを手のひらで軽くやさしく押してガス抜きをする。1つは基本のシンプルなリュスティックに、残りはさつまいもと枝豆入りのリュスティックに使用する。

ベンチタイム

1

1 左右、上下の順に1/3ずつ折り返して番重に入れ、蓋を閉めて常温で35～40分休ませる。

リュスティックのバリエーション

スイートポテトリュスティック

リュスティック生地に、相性のよい自家製さつまいもの甘煮を加えます。いもはそれ自体の甘味とホクホク感を活かすよう、ごく薄味でさっと煮ており、変色防止にレモンを加えているためきれいな色に仕上がります。

材料

●基本のリュスティック生地	約1700ｇ
●さつまいもの甘煮	出来上がったうちの400ｇを使用
さつまいも	約1kg
食塩	適宜
レモン	2個
水	3kg
砂糖	900ｇ
●黒ゴマ	適宜

下準備

1 ボウルに水（分量外）を入れて食塩を加える。表皮をよく洗ったレモンの汁を絞り入れ、そのままレモンも加える。

2 よく洗ったさつまいもを皮つきのまま1.5cm角に切り、塩レモン水に浸けて変色防止をする。

3 鍋に水と砂糖を入れて泡立て器でよく混ぜてとかし、沸騰させてボーメ30度のシロップを作る。

4 塩レモン水につけたさつまいもとレモンをざるにあけて水気を切る。

5 シロップに入れて煮る。最終的に生地に混ぜて焼成するため、煮過ぎないように注意する。竹串が抵抗しながら刺さるくらいの硬さがよい。

6 ざるにあけて水気を切る。

リュスティック（98ページ）と同じ配合、手順の生地に、さつまいもの甘煮を加えています。

- 下準備
- ミキシング
- 一次発酵
- 生地に混ぜる
- ベンチタイム
- 切り分け
- ホイロ（最終発酵）
- 焼成

天然酵母 リュスティックの作り方

ホイロ（最終発酵）

1

2

1 取り置き台に布を広げ、生地を並べる。
温度40～42℃、湿度70％の発酵器で1時間30分最終発酵させる。

2 スリップベルトに移し、表面に黒ゴマを散らす。
上火220℃、下火210℃のオーブンで、生地を入れる前後に多めのスチームをかけながら18～20分焼く。

切り分け

1

2

1 麺棒で約1.5㎝厚に伸ばす。

2 生地の四隅を切り落とし、1個130ｇの長方形に切る。

ベンチタイム

1

1 番重に移し、蓋を閉めて常温で35～40分休ませる。

生地に混ぜる

1

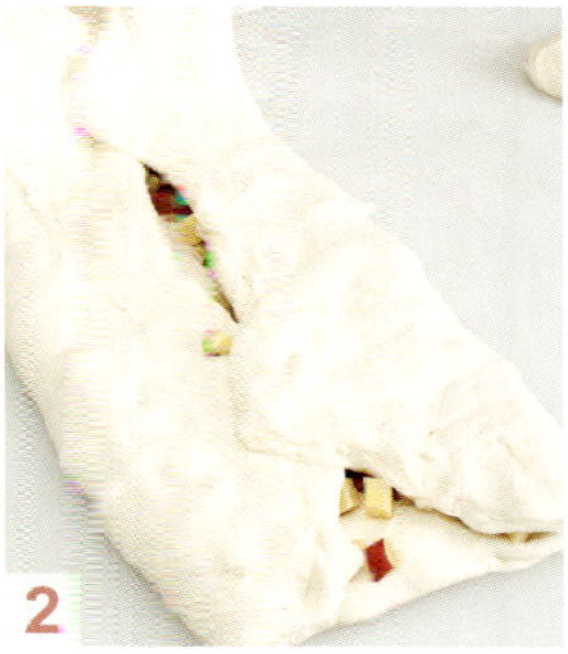

2

1～2 一次発酵終了後に三等分した基本のリュスティック生地のうちの一つを台に広げ、均等にさつまいもの甘煮を散らし、左右から1/3ずつ折り返し、続けて上下から1/3ずつ折り返す。

枝豆のリュスティック

リュスティックのバリエーション

リュスティック生地は塩味ともよく合い、枝豆の塩茹でを加えるとおいしさが増し、生地と豆の歯応えの違いが楽しめます。枝豆は季節を問わず入手しやすい冷凍品が便利です。

材　料

- 基本のリュスティック生地 ……… 約1700ｇ
- 枝豆（水煮） ……… 400ｇ

リュスティック（98ページ）と同じ配合、手順の生地に、水煮の枝豆を加えています。

- 下準備
- ミキシング
- 一次発酵
- **生地に混ぜる**
- ベンチタイム
- **切り分け**
- ホイロ（最終発酵）
- **クープ入れ**
- 焼　成

生地に混ぜる

1 三等分した基本のリュスティック生地うちの一つを台に広げ、均等に枝豆を散らし、上下から1/3ずつ折り返し、左右から1/3ずつ折り返す。

番重に移し、蓋を閉めて常温で35～40分休ませた後、麺棒で約1.5㎝厚に伸ばす。

切り分け

1 生地の四隅を切り落とし、1個135ｇの長方形に切って、布を敷いた取り置き台に並べる。

温度40～42℃、湿度70％の発酵器で1時間30分最終発酵させる。

クープ入れ

1 スリップベルトに移し、クープを入れる。

上火220℃、下火210℃のオーブンで、生地を入れる前後に多めのスチームをかけながら18～20分焼く。

天然酵母

ブリオッシュ・オ・フリュイの作り方

卵やバターの入った贅沢な生地に、ラム酒漬けのドライフルーツを混ぜ込んだベーカリーが作る、本格的なお菓子パンです。

ブリオッシュ・オ・フリュイ

ブリオッシュはクロワッサンと共にオーストリアのウィーンから伝わったパンで、水の代わりに牛乳を加えてバターと卵を多く配合した、軽い食感で口溶けのよい菓子パンの一種です。材料が焼き菓子に近いことから、発酵菓子の一種とされることもあります。

本書では牛乳は使わず、ミキシングがしやすい脱脂粉乳を利用し、生地がふわっと上がるようにバイタルグルテンを配合しています。

混ぜ込むフルーツミックスは、使用する3か月前からラム酒に浸け込んでおくため、豊かな味と香りが天然酵母のフルーティーさとの相乗効果で、より豊かに感じられます。大・小の2タイプの作り方を解説します。

配　合

- 中種
  - 強力粉……1500g（50%）
  - 元種……300g（10%）
  - FMP……9g（0.3%）
  - 水……540g（18%）
- 強力粉……1500g（50%）
- 砂糖……450g（15%）
- 塩……48g（1.6%）
- 乾燥卵……120g（4%）
- 脱脂粉乳……60g（2%）
- バイタルグルテン……30g（1%）
- モルト液……30g（1%）
- 元種……900g（30%）
- 無塩バター……600g（20%）
- フルーツミックス
  - レーズン……600g（20%）
  - グリーンレーズン……600g（20%）
  - クルミ……300g（10%）
  - オレンジピール……150g（5%）
  - ドレンチェリー（赤）……300g（10%）
  - ラム酒……600g（20%）
- 塗り玉
  （卵黄1に水1の割合で溶き混ぜ、裏漉ししたもの）……適宜

※フルーツミックスは使用する前に仕込み、最低でも3か月、できれば6か月熟成させて作ります。レーズンは水洗いをし、よく水切りをしてから漬け込みます。

［ブリオッシュ・オ・フリュイの作り方］

ミキシング

1

2

3

1　ミキシングボウルに中種を入れる。続けて強力粉、砂糖、塩、乾燥卵、脱脂粉乳、バイタルグルテン、モルト液の順に粉類を全部加える。

2〜3　元種を加え、低速で3分、中低速で2分捏ねる。ミキシングボウルの側面に生地がこびりつかなくなればよい。

ミキシング

4 混ぜやすいように角切りにしたバターを加え、中速で2分、中速で3分、中高速で2分捏ねる。両手で伸ばすと、すっとなめらかに伸びる状態にする。

5〜6 水気をよく切ったフルーツを加え、低速で2分捏ねる。生地とフルーツが均一に混ざればよいので、必要以上に捏ねないこと。

7 離型オイルをスプレーしたケースに生地を移し、捏ね上げ温度を測る。理想とする目標温度は30℃。ケースのふたを閉めて、温度25〜30℃、湿度70%の発酵器で2時間一次発酵させる。

一次発酵

1 一次発酵が終了し、発酵前の約2倍弱に膨らんだ生地。

パンチ（ガス抜き）

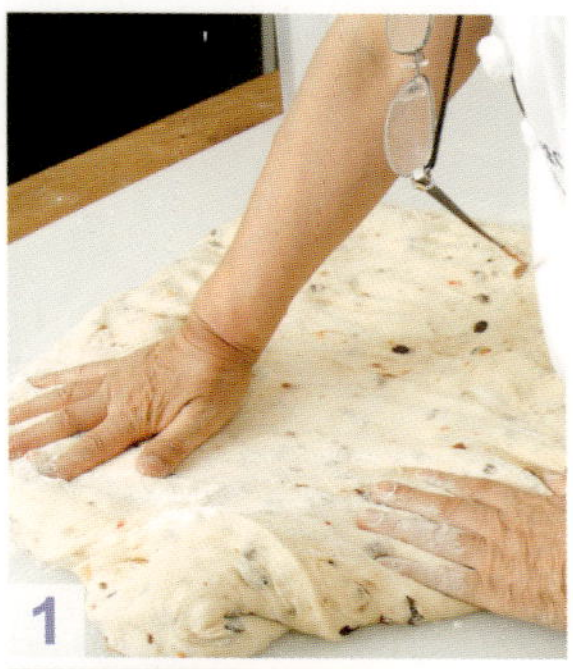

1 ス台に移し、手のひらで軽くやさしく押してガスを抜く。

2 右、左の順に1/3ずつ折り返す。

3 さらに下、上の順に1/3ずつ折り返す。

天然酵母 ブリオッシュ・オ・フリュイの作り方

ベンチタイム

1 ケースに戻してふたを閉め、28℃の発酵器で30分休ませる。

分　割

1 大カップ用230 gを16個、小カップ用100 gを35個、できるだけ生地にふれないように手早く分割する。

2 生地を手前から向こう側に半分に折り返し、向きを90度変え、再度手前から向こう側に半分に折り返す。手のひらで包み込むようにして転がして丸める。

番重に並べ、蓋を閉めて常温で30分休ませる。

成　形

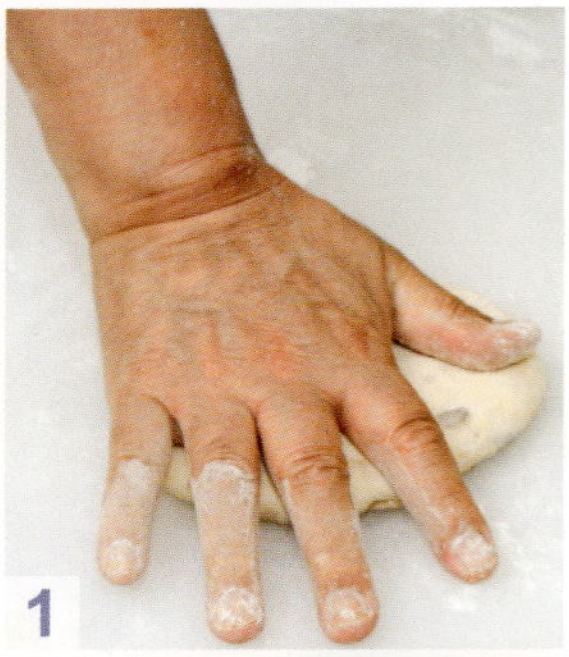

1 生地を台に移し、手のひらで軽くやさしく押さえてガスを抜く。

2 手前から向こう側に半分に折り返し、向きを90度変え、再度手前から向こう側に半分に折り返す。次に手のひらで包み込むようにして転がし、表面を張らせるように丸める。こうして4つに折ってから丸めると、生地の上がる力が出る。

天板にカップを並べ、生地をとじ目を下に向けて入れる。

ホイロ（最終発酵）

1 天板ごと温度38～40℃、湿度70％の発酵器で2時間30分最終発酵させる。

2 表面に塗り玉を塗り、上火180℃、下火200℃のオーブンで35分焼く。

天然酵母

ラスクの作り方

おやつにも酒の肴にも打ってつけ。
バゲットや食パンがサクサク軽い口当たりの人気スナックに変身します。

ラスク

バゲットや食パンを二次使用したのがラスクの始まりですが、ここ4～5年はちょっとしたブームになっており、多種多様なラスクが販売されて行列ができるほどの専門店もあるようです。粉から開発したラスク専用のフランスパンを使ったり、クロワッサンやベーグルに留まらず、バウムクーヘンやカステラを利用したものまで作られるほど人気です。

店にあれば、パンを買うついでに気軽に手に取ったり、ちょっとした手土産用にと求めるお客様も少なくありません。工夫次第でいろいろなフレーバーが作れるので目先が変えられ、特にこの天然酵母パンを利用したラスクは味がよく、日持ちもよいので、サブメニューに加えてはいかがでしょうか。

［フランスパンのラスクの作り方］

フランスパンの準備

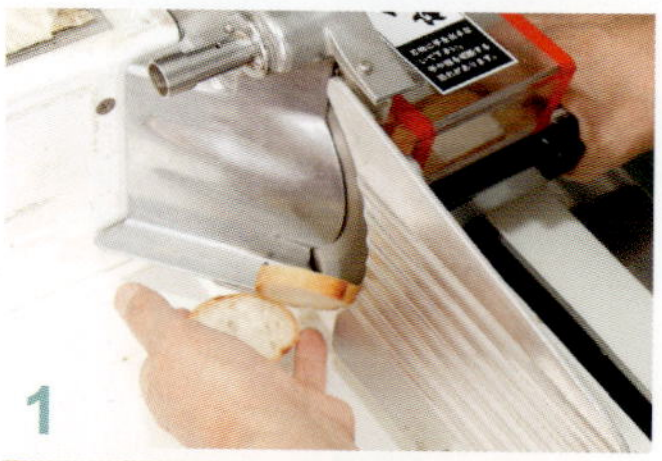

1 焼成後1日ほど経過したバゲットを、形が崩れないように重ねずに2～3本ずつビニール袋に入れ、口を閉じて1晩常温に置く。ビニールに入れる理由は、乾燥しすぎるとクラムがきれいに切れないため、適度に湿らせるためである。

切りやすい状態になったら1.2～1.4㎝厚にスライスする。

2 天板に1枚ずつ並べる。

［食パンのラスクの作り方］

食パンの準備

1 焼成後2日以上経過した食パンを1斤当たり5枚にスライスする。天板に紙を敷き、食パンを並べて一晩冷凍する。切りやすい硬さになったら四方の耳を落とす。

2 クラムを12～16等分する。

食パンのラスクのバリエーション

コロコロラスク（焦がしバターシュガー味）

材料

- 食パン……6斤分
- グラニュー糖……400g
- 焦がしバター風味のマーガリン……1包み（500g）

焦がしバターシュガー味の作り方

1 番重に角切りにした食パンを入れてグラニュー糖をふりかける。溶かしたバターなどの液体を先に混ぜると湿度で生地がグズグズになってしまうため、砂糖などの粉類を先にまぶしてからバターをからめる。

2 潰さないように軽く、なおかつよく混ぜ合わせて、番重の底にグラニュー糖が残らないくらいまで生地にまぶす。

3 マーガリンをボウルに入れ、湯煎または扉を開けたオーブンに入れて完全に溶かす。上澄み部分をレードルですくって別のボウルに移し、生地にまんべんなくかける。

4 グラニュー糖と同様に、潰さないように軽く、なおかつよく混ぜ合わせる。

5 天板に重ならないように並べ、上火、下火ともに160℃のオーブンで10分乾燥焼きする。

6 まだ焼き色が浅い状態。

7～8 空の天板をかぶせてひっくり返す。生地を移した天板の中で重なった生地を整え、再度同じ温度のオーブンで10分乾燥焼きをする。ほど良い焼き色がつくまで、だいたい4～5回、この作業をくり返す。後半になると色づきが早くなるので注意すること。

9 適度な焼き色がついたら、紙を敷いた番重に移して常温で粗熱を取る。

冷めたら包装するが、その際に脱酸素剤を入れると日持ちがよくなる。これは全種類に共通する。

コロコロラスク（チーズ味）

材料

- 食パン ……………… 6斤分
- ブラックペッパー ……………… 3g
- 無塩バター ……………… 1ポンド（450g）
- チーズパウダー ……………… 150g

チーズ味の作り方

1 番重に角切りにした食パンを入れ、ブラックペッパーをふりかける。潰さないように軽く、丁寧に混ぜ合わせ、番重の底にブラックペッパーがが残らないように生地にまぶす。

2 溶かしたバターの上澄み部分を生地にまんべんなくかける。潰さないように軽く、なおかつよく混ぜ合わせる。

3 天板に重ならないように並べ、上火、下火ともに160℃のオーブンで10分乾燥焼きする。

空の天板をかぶせてひっくり返し、生地を移した天板を再度同じ温度のオーブンに入れて10分乾燥焼きをする。これを4〜5回くり返してほど良い焼き色をつける。

4 紙を敷いた番重に移し、チーズパウダーを均等にふりかける。

5 よく混ぜてまんべんなくからめ、粗熱を取って包装する。

フランスパンのラスクのバリエーション

フランスパンラスク（カレー味）

材　料

- 無塩バター……1ポンド（450ｇ）
- カレーパウダー
  …溶かしバターの上澄み部分の5％量
- コンソメスープの素（顆粒）
  …溶かしバターの上澄み部分の0.2％量
- フランスパン……6本

カレー味の作り方

1〜2　番溶かしたバターの上澄み部分を取り、これにカレーパウダーを加え、続けてコンソメスープの素を加えて混ぜ合わせる。

3　1.2㎝厚にスライスしたバゲットに、刷毛でカレー風味のバターを塗る。
上火、下火ともに160℃のオーブンで乾燥焼きする。ほど良い焼き色がつき、触ると硬く乾いた感じになればよい。紙を敷いた番重に移し、粗熱を取って包装する。

フランスパンのラスクのバリエーション

フランスパンラスク（ガーリック味）

材　料

- ガーリックバター（市販品）
  ……適宜
- フランスパン
  ……6本

ガーリック味の作り方

1　1.4㎝厚にスライスしたバゲットにガーリックやパセリ、パプリカなどが入ったガーリックバターを塗り、上火、下火ともに160℃のオーブンで乾燥焼きする。紙を敷いた番重に移し、粗熱が取れたら包装する。

フランスパンのラスクのバリエーション

フランスパンラスク（チーズ味）

材料

- ブラックペッパー……適宜
- 無塩バター……1ポンド（450ｇ）
- チーズパウダー……適宜
- フランスパン……6本

チーズ味の作り方

1 1.2㎝厚にスライスしたバゲットを天板に並べ、ブラックペッパーを均一にふりかける。

2 溶かしたバターの上澄みを刷毛で塗り、上火、下火ともに160℃のオーブンで乾燥焼きする。

3 チーズパウダーを茶漉しに入れて均等にふりかけ、紙を敷いた番重に移して粗熱が取れたら包装する。

フランスパンのラスクのバリエーション

フランスパンラスク（バターシュガー味）

材料

- 無塩バター……1ポンド（450ｇ）
- グラニュー糖……適宜
- フランスパン……6本

バターシュガー味の作り方

1 1.2㎝厚にスライスしたバゲットに溶かしたバターの上澄みを塗る。

2 バターを塗った面をグラニュー糖に押しつけて均等につける。
上火、下火ともに160℃のオーブンで乾燥焼きする。紙を敷いた番重に移し、粗熱が取れたら包装する。

パンづくりに必要な主要機器と材料ガイド

オーブン

オーブンは1台ごとに個性があると言ってよいほど個体差があり、焼成温度や時間が微妙に違ってきます。製品を均一に、ロスを出さずに焼き上げるためには、自店のオーブンのクセや特徴をよく知っておくことが大切です。

また、生地の焼成前に、必ず庫内を目的の温度に予熱しておき、焼成中は庫内温度を下げないように不必要な扉の開閉はしないことが大切です。

パン用のオーブンは、上火と下火それぞれの温度設定とスチームの注入が可能です。換気口（ダンパー）がついており、焼成中に蒸気を逃がして湿度の調整ができます。

フランスパンなど窯床に直接パン生地を置いてしっかり焼き込むハース系専用のオーブンは、窯床が蓄熱性の高い石でできており、間口が狭く断熱性に優れています。

ハース系パン専用オーブン
窯床に石材やセラミックを使用しており、直焼きするハース系のパンに適している。

一般的なパン用オーブン
食パンなど焼き型に入れた生地や菓子パンのように比較的高めの温度で短時間で焼き上げるタイプのパンに適している。

ミキサー

大きく分けて、生地をミキシングボウルの側面や底面に強く打ちつける縦型ミキサー、生地を捏ねたり揉んだりするスパイラルミキサー、餅つき機を発展させたスタンピングミキサーがあります。

縦型ミキサーはフックが鉤状で、生地が空気を含みやすいため、食パンや菓子パンのように伸ばしたいソフトな生地に使用します。回転数が低速から超高速まであり、ギアで回転数を変えれば、さまざまな回転数に対応できるため、縦型ミキサーを利用するパン店が多く、万能タイプとも呼ばれています。

時間をかけて生地を捏ね上げるフランスパンなどのハード系にはスパイラルミキサーが適しています。

もっとも生地にストレスを与えないのがスタンピングミキサーで、ミキシングボウルに相当する臼が回転し、杵が上下に1分間80回のリズムで落ちて短時間でミキシングが終了します。ミキシング中のグルテンの損傷が見られず、生地のコシや弾力がしっかりしているのが特長です。

縦型ミキサー
おもにソフト系パンに使用するが、低速中心、高速中心のいずれのミキシングが必要な生地にも対応可能。

フックがらせん状のスパイラルミキサー
おもに低速中心で、時間をかけて生地を捏ね上げるフランスパンなどに向く。

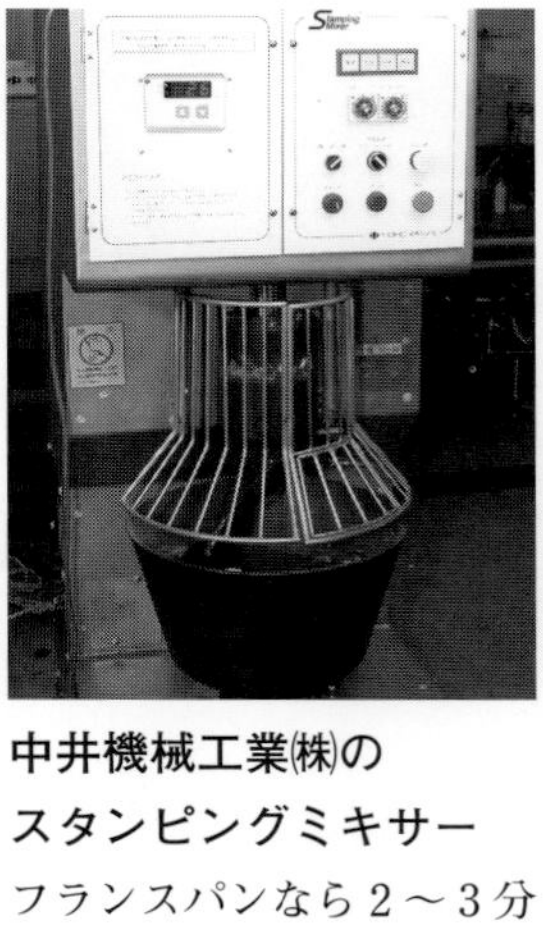

中井機械工業㈱のスタンピングミキサー
フランスパンなら２～３分という短時間ででミキシングが終了し、生地にストレスを与えないため、焼成した生地の食感がよく、老化を遅らせることもできる。

発酵器

機器内部の温度と湿度を一定に保ち、生地を適切に発酵させる機器のことで、焙炉（ホイロ）と呼びならわされています。最終発酵のことを「ホイロを取る」といいますが、この機器は一次発酵やベンチタイムでも活用します。

発酵器
パンごとの製造工程に応じた温度と湿度に設定ができる発酵器。

モルダー

分割した生地を入れると、ガス抜きと成形という2つの工程を自動で行う機器。たとえば食パン生地のガス抜きから生地玉成形（ロール成形）まで、菓子パン生地のガス抜きからシート成形までが簡単に済ませられ、時間と人手が省けます。ほかにもクロワッサンやロールパン専用の巻き成形をするタイプもあります。

リバースシーター

クロワッサンやデニッシュ・ペストリーなど折り込み生地を作るために、生地を均一な厚みのシート状に伸ばす機器です。バターを折り込むという目的に適《かな》った厚さに伸ばし、生地で包んで伸ばして折り込むという折り込み工程を手作業でやっていては、到底間に合わないため、リバースシーターを利用します。

また、きれいな層に焼き上げるためには、バターを折り込んだ生地を同じ圧力で均一な厚さに伸ばさなければなりません。しかし、手作業ではなかなか完璧には行えないため、リバースシーターを使用します。

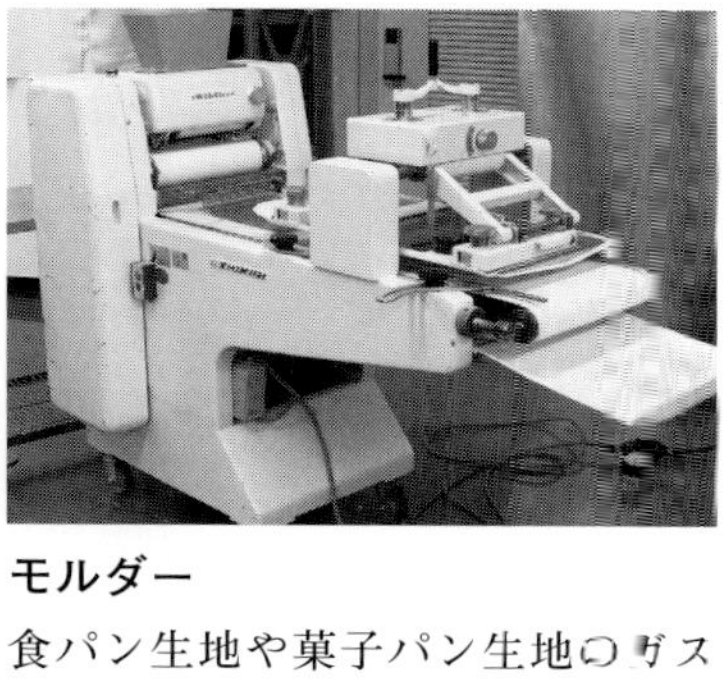

モルダー
食パン生地や菓子パン生地のガス抜きから成形までを短時間で行う。

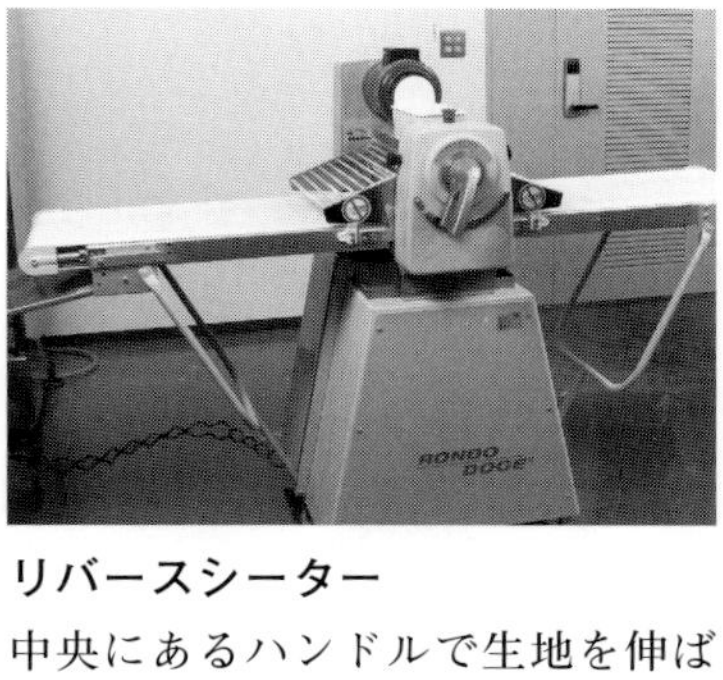

リバースシーター
中央にあるハンドルで生地を伸ばしたい厚さに調整する。パイローラーとも呼ばれる。

カスタードクッカー

カスタードクリームをはじめ、あん、カレールーなど、攪拌しながら煮炊きするものや炒め物が作れ、チョコレートのテンパリングまでもできます。ＩＨ式とガス式があり、どちらも鍋に均等に熱が伝わるため、製品の焦げができにくいのが特長で、攪拌の回転がスイッチで簡単に調整できます。つきっきりでカスタードクリームやあんを炊かずに済むので便利です。（81ページ参照）

麺棒

生地を伸ばすときに使用します。生地の量や用途に合わせて太さと長さを選びます。あんパンの表面に丸くゴマをつけたいときなどにも利用します。

パイカッター

歯車に刃がついていて、転がしてデニッシュ・ペストリーの生地などを切ります。中央の歯車の根元にあるネジで、間隔が調整でき、等間隔のしるしをつけるためにも利用できます。

芯温計

捏ね上げ温度は、イーストパンの場合はだいたい24～25℃くらい、天然酵母パンは30℃が適正とされ、それ以上高くなってもそれ以下に低くなっても、パンは上手に発酵しません。捏ね上げ温度が目標よりも低かった場合は一次発酵の時間を多めにして、高かったときは一次発酵の時間を少なめにして調整します。大切な工程なので、常に捏ね上げ温度を測るようにしましょう。

パイカッター
このように５連が一般的だが、７連のものもある。たたむとコンパクトになる。

クープナイフ

フランスパンやパン・ド・カンパーニュの生地表面に切り込みを入れることを、クープを入れると言います。オーブン内での火通りをよくすること、焼成時に膨張したパン生地内部の圧力を逃がして、パンの形を整えてボリューム豊かに焼き上げることがおもな目的です。

シリコン ベーキングカップ

うずまき状のあんパンのバリエーションを作るときに使用する、シリコン製のベーキングカップで、ベーキングトレーとも呼びます。離型性がよく、耐久性が高いので半永久的に繰り返し使うことができて経済的です。

パネトーネカップ

一般的にパネトーネ用として売られている耐熱紙製のカップで、ブリオッシュ・オ・フリュイやシフォンケーキにも利用できます。

パネトーネカップ
生地を入れてそのままオーブンで焼成でき、食べたあとは燃えるごみとして処理できる。

シリコン ベーキングカップ
100%食品用シリコンを使用しているため安全。使い始めに薄く油を引けば、それ以後は塗る必要がないほど離型性が高い。角型、クグロフ型などいろいろな種類がある。

クープナイフ
クープはフランス語で「切れ目」のこと。パンにボリュームを持たせ、形よく焼き上げる働きとデザイン的な効果もある。

小麦粉

小麦粉はタンパク質の含有量の多い順に、強力粉、準強力粉、中力粉、薄力粉に分類され、パン作りにはグルテンの形成に必要なタンパク質量の多い強力粉をメインに使います。

強力粉は、タンパク質含有量が11・5%以上のもので、おもにカナダ産やアメリカ産の硬質小麦を原料に作られています。イーストパンよりも長時間の発酵が必要な天然酵母パンには、タンパク質が11・8%くらいのグルテンが強いタイプが適しています。

薄力粉はタンパク質含有量が8.5%以下のもので、洋菓子類や天ぷら衣に使われ、パン作りではメロンパンのビスキュイ生地に利用します。おもにアメリカ産の軟質小麦を使用しています。

通常の小麦粉は小麦粒の外皮や胚芽を除去して、粒の中心部を粉にしていますが、外皮や胚芽には灰分＝食物繊維、ミネラル、ビタミンが豊富なため、小麦本来の風味が感じられます。

小麦粒を丸ごと粉にしたものが全粒粉で、小麦の味わいや香りがしっかりしたパンを求める声や健康志向の高まりから、全粒粉を加えたパンも多く作られるようになっています。

ライ麦は寒冷な気候を好み、やせた土壌でも生育するため、北部から東部、中部にかけてのヨーロッパやロシアなど緯度の高い地域で広く栽培されます。ライ麦から作られるライ麦粉は、製パンにとって重要なタンパク質を12%も含んでいますが、残念ながら、小麦粉のタンパク質とは違い、グルテンの二つの成分のうちグリアジンしかなく、グルテニンを含まないので、小麦粉のような食感にはならず、ずっしりとした重たいパンが出来上がります。

ライ麦粉
日本製粉　特キリン（コナ）
ライ麦粒を細かく粉砕したライ麦全粒粉で、あらゆるタイプのライ麦パンに適応する。ライ麦比率の高いライ麦パンに適している、ライ麦粒を粗く粉砕したタイプの特キリン（ホソ）もある。

全粒粉
日本製粉
小麦粒を丸ごと細挽きしており、パン用粉に配合しグラハムブレッドや食事パンに利用する。

強力粉
日本製粉　イーグル
灰分 0.37、タンパク質 12.0　食パン、テーブルロール、菓子パンなどパン全般に好適。

薄力粉
日本製粉　ハート
灰分 0.35、タンパク質 8.2　和洋菓子全般、天ぷら衣に向く。

モルト液

モルトシロップ、モルトエキスとも呼ばれ、発芽した大麦を煮出して抽出した麦芽糖の濃縮エキスです。α-アミラーゼというデンプン分解酵素が含まれるため、パン生地に加えると、小麦粉中のデンプン組織を分解し、酵母に栄養を補給するので、アルコール発酵を助成することができます。

一般的にフランスパンなどの砂糖が入らないハード系の生地に使用します。砂糖が入らない生地は焼成時の色づきがよくないのですが、モルト液を加えることでパンの焼き色をよくします。

常に粘りが強く扱いにくいため、配合中の小麦粉（強力粉）の少量を取り分けたところに流し入れる。粉ごとミキシングボウルに投入すれば、器にも手にもこびりつかない。

バイタルグルテン

小麦粉の中からグルテンだけを取り出して乾燥させ、粉末状にしたもので、一般的にバイタルグルテン（活性蛋白）と呼ばれます。吸水性が非常によく、水を加えることによってただちに元の粘弾性を持った生グルテンに戻ります。

砂糖の配合量が多く、発酵が難しい生地に加えてグルテンの補強を行います。

油脂類

バター、マーガリン、ショートニングなどの油脂類を生地に加えると、伸びがよくなってよく膨らむため、ボリュームのあるパンができます。塩分を含んでいると配合の計算が複雑になるため、無塩バターを使用します。

バターは風味に優れ、特徴のある味や香りを出したい場合に利用します。

製パン用マーガリンはバターよりも可塑性を示す温度の幅が広いため、作業がしやすいです。焦がしバター風味など、独特のフレーバーをつけた商品もあります。

ショートニングは無味無臭で、パンの食感を高める働きがあり、ハード系のパンに適しています。

本書では、健康的な天然酵母パンを作るという主旨からマーガリンとショートニングは無添加タイプを使用しています。

スプレー式離型油

植物油脂が原料の離型油で、スプレー状のため、どんな形の器具にも簡単に使用できます。生地を発酵させるケース、ベンチタイム用の番重、焼き型などに薄く均一に吹きつけて、生地がくっつくのを防ぎます。油を引きすぎてしまうこともありません。

焦がしバター風味の無塩マーガリン
(不二製油㈱　トスタール)
焦がしバターに較べて保存性、作業性に優れており、パンや焼菓子の風味づけによく、ラスクに好適。

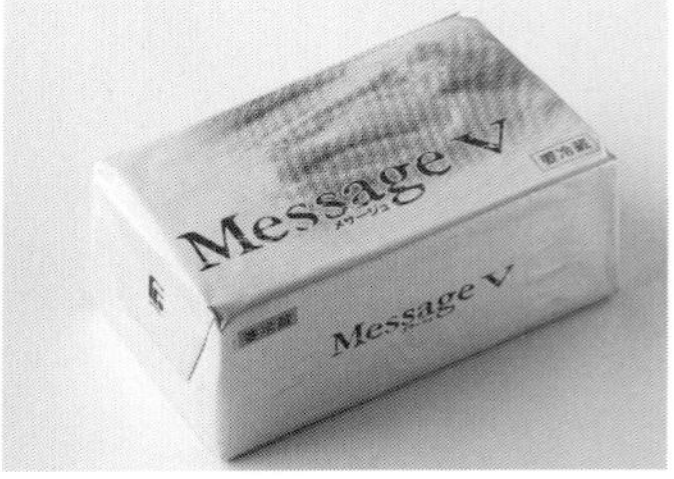

無添加マーガリン
(不二製油㈱　メサージュV)
乳化剤、香料、保存料、安定剤、合成着色料を添加していない。なめらかで生地になじみやすい。

機器を使わないフィリングの作り方

〈82〜84ページのフィリングを鍋で作る調理法解説です〉

小倉餡

配合は82ページと同様です。

日本手拭い、さらし木綿などで袋を作り、小豆を炊くときに利用すると小豆の皮が破れずにうまく煮ることができます。

【作り方】

1 小豆を水洗いし、汚れや異物を除去して袋に入れる。

2 熱伝導のよいさわり（銅鍋）を使う。これに小豆を入れ、小豆の上2㎝まで水（分量外）を加え、蓋をして強火で加熱し、沸騰したら弱火にして静かに25分炊く。

3 煮汁を捨てて新しい水（分量外）を小豆の上2㎝まで加え、蓋をして再度強火で加熱し、沸騰したら弱火にして25分加熱し、火を止めてそのまま30分置いて蒸らす。30分後に小豆入りの袋を引き上げる。このときの茹で汁は次の工程で使用する。

4 茹で上がった小豆を、茹でる前の小豆の分量の30％量の茹で汁と、同じく30％量の水をさわり（銅鍋）に注ぎ、グラニュー糖の1/2量を加えて沸騰させる。

5 小豆、残り1/2量のグラニュー糖を加え、強火で炊く。焦がさないよう、また小豆を潰さないように注意しながら、混ぜ続けながら炊く。

※非常に熱い飛沫が飛ぶので、必ず長袖、軍手を着用し、火傷に気をつけること。

6 28分煮たら食塩を加え、30〜35分炊く。アルコール消毒をしたステンレスバットに移し、すぐにラップ紙をぴっちりと密着させて常温で冷ます。粗熱が取れたら冷蔵し、3日以内で使い切るようにする。

カレードーナッツ用
牛肉たっぷりカレー

配合は83ページと同様です。

【作り方】

1 2㎝角に切った牛肉と牛スジ肉をボウルに入れ、5種類のスパイスと食塩を加えてよく揉み込み、赤ワインを加えて再度よく揉み込んだらラップ紙をかぶせておく。

2 にんじんはいちょう切り、玉ねぎは薄切りにして、サラダ油を熱した鍋で炒め、玉ねぎが飴色になったらバットに移す。

3 同じ鍋にサラダ油を熱し、下味をつけた肉を色が変わるまで炒める。

4 炒めた野菜を戻し、水を加えて混ぜながら強火で煮る。アクが浮いてきたら丁寧にすくう。途中で煮詰まったら適量の水を足しながら煮る。

5 約20分煮たところでトマトホールを加え、中弱火にして焦げないように混ぜながら30～40分煮込む。

6 カレールウ、ウスターソース、酢の順に加え、全体に味がしみわたって適度なとろみがついたら、火を消してパン粉を加えて混ぜる。むらなく混ぜ合わせ、パン生地に包みやすい硬さに調整する。

出来上がったらアルコール消毒をしたバットに移し、すぐにラップ紙をぴっちりと密着させて常温で冷ます。粗熱が取れたら冷蔵し、5日以内で使い切るようにする。

カスタードクリーム

配合は84ページと同様です。

【作り方】

1 バニラビーンズのさやをペティナイフで縦に切り開き、中の種をこそぎ取る。銅のさわり鍋に牛乳、こそぎ取ったバニラの種とさや、グラニュー糖の1/2量を加え、83℃まで加熱する。

2 1と同時進行で、ボウルに卵黄とグラニュー糖の残り1/2量を加え、泡立て器ですり混ぜる。薄力粉とコーンスターチを加え、粉気がなくなるまで泡立て器で混ぜる。

3 2に1を少しずつ加えながら混ぜる。さわり鍋に裏漉して戻す。焦がさないように攪拌しながら強火で炊き、中心温度が90℃になるまで炊く。

炊きはじめは糊化してだんだんと硬く重くなって表面が盛り上がる。

4 そのまま炊き続け、軽くなって表面が平らになったら火を止め、バターを加えてむらなく混ぜる。アルコール消毒をしたブラストチラー専用のバットに移し、ラップ紙をぴっちりとかけてブラストチラーで急速冷凍する。

※ 中心温度を90℃まで上げると小麦粉の匂いがなくなるためおいしさが格段に上がり、雑菌の繁殖もしにくくなるので、90℃まで上げるようにすること。

著者プロフィール

中川　一巳（なかがわ・かずみ）

有限会社JBT・サービス代表取締役 テクニカルアドバイザー
1946年（昭和21年）生まれ。三重県出身。65年（昭和40年）三重県立明野高校農芸化学科卒業後、敷島製パン㈱入社。70年（昭和45年）神戸『ハリー・フロインドリーブ』へ派遣。73年（昭和48年）日本パン技術研究所卒業（75期）。76年以降、敷島製パンが展開する各種ベーカリー店の店長を任される。77年（昭和52年）、80年（昭和55年）米国研修参加。81年（昭和56年）販売士２級資格取得。82年（昭和57年）『ポール・ボキューズ』大丸百貨店梅田店店長。84年（昭和59年）㈱パスコ大阪へ出向。翌年テクニカルマネージャー、店舗開発を担当。この間、『ポール・ボキューズ』『フォション』『パスコ』の出店・改装を実施。91年（平成３年）エリア担当マネージャーとなり『ポール・ボキューズ』を担当。海外店立ち上げの技術指導も行う。この年、パン製造技能検定１級資格取得。
92年（平成４年）独立し、パンの技術指導とコンサルティング活動を始める。95年（平成７年）全大阪パン共同組合講師となる。96年（平成８年）大阪・吹田にパイロット店『ナチュラルベーカリー・ボナデア』開店。97年（平成９年）韓国のベーカリー企業とコンサルティング契約を結ぶ。99年（平成11年）大阪・大手前製菓学院パン講師となる。04年（平成16年）中国・上海の製パン企業の技術指導を始める。この年、天然酵母パンの独自製法で特許取得。05年（平成17年）シンガポールの企業に技術指導開始。この間、現在まで多数の企業・店舗にて技術指導。また同時に本書で紹介している天然酵母パンの製法を広めるなど幅広く活躍中。

有限会社JBT・サービス
〒560-0085　大阪府豊中市上新田4-8　A1112号
TEL：06-6871-0145
H P：http://www.jbtservice.jp/

■協 力
日本製粉株式会社
不二製油株式会社
中井機械工業株式会社
デイリーフーズ東京販売株式会社

●取材・編集／高橋昌子
●撮影／後藤弘行
●アートディレクション／國廣正昭
●デザイン／佐藤暢美　狐塚早苗
●制作／土田　治

製法特許

天然酵母パンの最新技術

2012 年 2 月 8 日初版発行

著　　者　中川一巳《なかがわかずみ》
発 行 人　早嶋　茂
制作代表　永瀬正人
発 行 所　株式会社 旭屋出版
〒 107-0052
東京都港区赤坂 1-7-19 キャピタル赤坂ビル 8 階
ＴＥＬ　03-3560-9065（販売）
03-3560-9066（編集）
ＦＡＸ　03-3560-9071（販売）
郵便振替口座番号　00150-1-19572

印刷・製本　凸版印刷株式会社
※落丁、乱丁本はお取り替えいたします。

ISBN978-4-7511-0962-5　C2077　Printed in Japan